THE TURING TESTS

EXPERT NUMBER CRUNCH PUZZLES

Foreword by Sir Dermot Turing

This edition published in 2021 by Arcturus Publishing Limited
26/27 Bickels Yard, 151–153 Bermondsey Street,
London SE1 3HA

Copyright © Arcturus Holdings Limited
The Turing Trust logo © The Turing Trust

All rights reserved. No part of this publication may be reproduced, stored in a retrieval system, or transmitted, in any form or by any means, electronic, mechanical, photocopying, recording or otherwise, without prior written permission in accordance with the provisions of the Copyright Act 1956 (as amended). Any person or persons who do any unauthorised act in relation to this publication may be liable to criminal prosecution and civil claims for damages.

AD008830NT

Printed in the UK

Contents

Foreword 4

How to Solve Number Crunch Puzzles 6

Puzzles:

   First Level 7
      Hone your skills with these teasers

   Second Level 27
      Give your mind a work-out

   Third Level 84
      Challenging puzzles, strictly for the experts

Solutions 143

Tables 158

FOREWORD

Alan Turing's last published paper was about puzzles. It was written for the popular science magazine *Penguin Science News*, and its theme is to explain to the general reader that while many mathematical problems will be solvable, it is not possible ahead of time to know whether any particular problem will be solvable or not.

Alan Turing's work at Bletchley Park is well known: unravelling one of the most strategically important puzzles of World War II, the Enigma cipher machine. The Enigma machine used a different cipher for every letter in a message; the only way to decipher a message was to know how the machine had been set up at the start of encryption, and then to follow the mechanical process of the machine. The codebreakers had to find this out, and the answer was not in the back of the book. To begin with, they had squared paper and pencils, and they had to work out the cipher-machine's daily settings, using intuition and ingenuity. These characteristics constitute mathematical reasoning, according to Alan Turing, who was confident that there was no difference between the reasoning processes of a human provided with pencil, paper and rubber, and those of a computer.

Although they did not have computers to help them at Bletchley Park, with Alan Turing's help new electrical and electronic devices were invented which sifted out impossible and unlikely combinations and so reduced the puzzle to a manageable size. And the experience with these new machines laid the foundation for the development of electronic digital computers in the post-war years.

Computers are now commonplace, not only in the workplace and on a desk at home, in a smartphone or tablet, but in almost every piece of modern machinery. Teaching people computer skills and coding are now considered obvious elements of the curriculum. Except that this is not so in all parts of the world. In Africa, access to computers in schools is extremely variable, and in some countries there is little or no opportunity for students to have hands-on experience of a real computer. For example, in Malawi, students may have only a 3% chance of using a computer at school.

The Turing Trust, a charity founded by Alan Turing's great-nephew James in 2009, aims to confront these challenges in a practical way which honours Alan Turing's legacy in computer development. The Turing Trust provides quality used computers to African schools, enabling computer labs to be built in rural areas where students would otherwise be taught about computers with blackboard and chalk. The computers are refurbished and provided with an e-library of resources relevant to the local curriculum, and then sent out to give a new purpose and bring opportunity to underprivileged communities. The Turing Trust's projects in Malawi have since increased the number of secondary schools with computers in the Northern Region of Malawi from 3% to 44%. This has enabled thousands of students to start using these transformative technologies for the first time.

Thank you for buying this book and supporting the Turing Trust.

Sir Dermot Turing, February 2021

To find out more, visit www.turingtrust.co.uk

"This is only a foretaste of what is to come, and only the shadow of what is going to be. We have to have some experience with the machine before we really know its capabilities."

Alan Turing

How to Solve Number Crunch Puzzles

Starting at the top with the number provided, work downwards from one box to another, applying the mathematical instructions to your running total.

Taking the example here, deduct 4 from 76, giving the answer 72. Now divide 72 by 8, giving the answer 9. Then square 9 (9x9), giving the answer 81. Then add 39 to 81, giving the answer 120. Now take one third of 120 (120 ÷ 3), giving the answer 40. Deduct 4 from 40, giving the answer 36. Now take 50% (half) of 36 to give the final answer: 18, which you can fill into the empty Answer section at the bottom of the puzzle.

From the front to the back of this book, the puzzles are arranged in three levels of difficulty, and full answers are in the Solutions section at the back of the book.

Also at the back of the book you will find ready-reckoners and other tables of calculations which may prove useful, especially if you are new to Number Crunch puzzles.

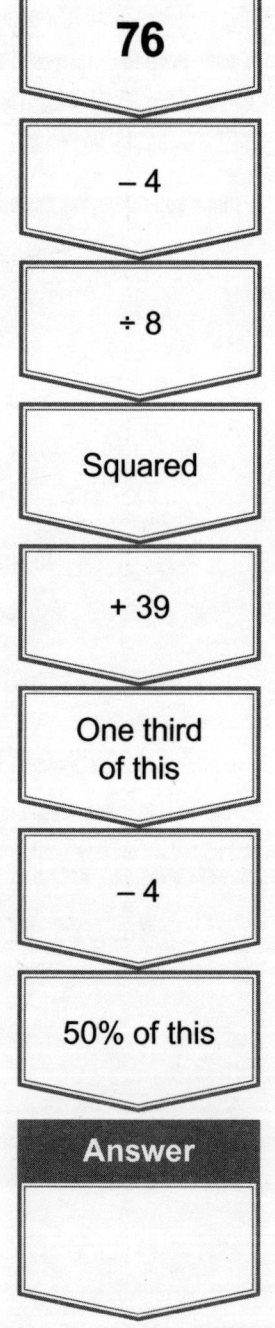

FIRST LEVEL

95
− 6
x 2
+ 4
1/7 of this
÷ 2
x 6
+ 14
Answer

55
x 3
1/15 of this
x 2
+ 8
50% of this
x 9
− 60
Answer

FIRST LEVEL

86	147
÷ 2	1/7 of this
+ 19	x 6
÷ 2	÷ 14
x 3	Squared
+ 27	Reverse the digits
1/6 of this	2/3 of this
+ 37	x 13
Answer	Answer

FIRST LEVEL

5	6
43	91
+ 188	+ 25
Reverse the digits	1/2 of this
1/6 of this	1/2 of this
x 4	+ 17
− 18	1/2 of this
1/2 of this	+ 17
+ 36	25% of this
Answer	Answer

FIRST LEVEL

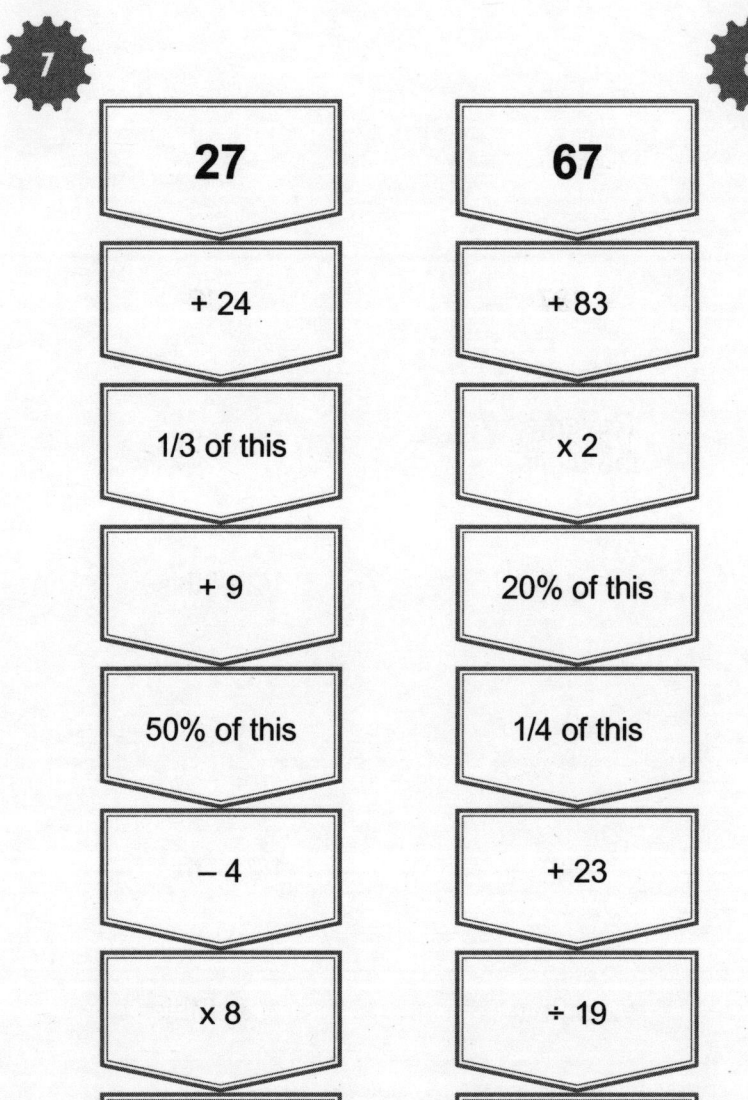

FIRST LEVEL

385	87
− 187	− 12
1/2 of this	÷ 15
1/9 of this	+ 87
x 6	25% of this
− 4	+ 15
÷ 2	1/2 of this
+ 17	+ 61
Answer	**Answer**

FIRST LEVEL

11

60

20% of this

x 2

1/8 of this

x 33

+ 7

÷ 2

+ 17

Answer

12

92

1/2 of this

x 3

− 24

1/2 of this

+ 13

2/7 of this

+ 320

Answer

FIRST LEVEL

13	14
28	**44**
+ 32	+ 68
x 4	25% of this
1/2 of this	Reverse the digits
+ 12	− 1
÷ 11	1/9 of this
x 7	x 7
1/4 of this	+ 16
Answer	Answer

FIRST LEVEL

15

54
- − 49
- × 8
- 25% of this
- × 19
- ÷ 2
- + 3
- 1/2 of this

Answer

16

77
- Double it
- + 20
- ÷ 3
- 50% of this
- + 5
- 1/2 of this
- − 4

Answer

FIRST LEVEL

17

| 26 |
| + 26 |
| 1/4 of this |
| × 8 |
| − 54 |
| × 7 |
| − 48 |
| Reverse the digits |
| **Answer** |

18

| 46 |
| + 69 |
| ÷ 5 |
| − 7 |
| × 5 |
| 20% of this |
| + 5 |
| × 5 |
| **Answer** |

FIRST LEVEL

19

- 80
- 1/16 of this
- x 19
- − 32
- 4/9 of this
- 1/2 of this
- + 18
- 25% of this
- Answer

20

- 90
- 1/5 of this
- + 62
- 25% of this
- 1/5 of this
- x 15
- 1/5 of this
- 25% of this
- Answer

FIRST LEVEL

21

- **194**
- + 42
- 50% of this
- − 78
- 20% of this
- × 14
- − 4
- 1/4 of this
- Answer

22

- **193**
- + 27
- 10% of this
- + 27
- 1/7 of this
- + 16
- × 2
- + 8
- Answer

FIRST LEVEL

| 76 |
| + 44 |
| 25% of this |
| + 12 |
| 1/6 of this |
| + 55 |
| 1/2 of this |
| + 42 |
| **Answer** |

| 25 |
| + 93 |
| 1/2 of this |
| + 7 |
| 2/11 of this |
| 1/3 of this |
| + 28 |
| x 4 |
| **Answer** |

FIRST LEVEL

25

- **99**
- + 99
- ÷ 6
- 2/3 of this
- + 93
- 1/5 of this
- + 17
- x 11
- **Answer**

26

- **142**
- + 38
- 1/3 of this
- 1/6 of this
- x 17
- ÷ 2
- 1/5 of this
- + 37
- **Answer**

FIRST LEVEL

27

168
− 72
1/4 of this
x 3
1/2 of this
1/6 of this
x 19
1/2 of this
Answer

28

45
x 4
1/6 of this
+ 18
1/8 of this
x 12
− 18
÷ 2
Answer

FIRST LEVEL

29

| 61 |
| + 17 |
| 1/6 of this |
| + 44 |
| ÷ 3 |
| + 43 |
| 50% of this |
| + 193 |
| Answer |

30

| 165 |
| − 3 |
| ÷ 3 |
| + 9 |
| ÷ 7 |
| Squared |
| − 65 |
| 25% of this |
| Answer |

FIRST LEVEL

31

| 79 |
| − 17 |
| 1/2 of this |
| x 3 |
| + 17 |
| 1/2 of this |
| + 17 |
| 1/2 of this |
| **Answer** |

32

| 189 |
| − 37 |
| 1/2 of this |
| + 6 |
| 1/2 of this |
| + 22 |
| 2/9 of this |
| x 3 |
| **Answer** |

FIRST LEVEL

66
− 17
1/7 of this
x 5
3/5 of this
x 4
+ 6
2/3 of this
Answer

96
− 19
÷ 7
Squared
+ 14
1/5 of this
1/9 of this
x 16
Answer

FIRST LEVEL

35

- 85
- × 3
- − 165
- 50% of this
- 2/9 of this
- + 130
- 1/2 of this
- + 15
- Answer

36

- 88
- − 49
- ÷ 3
- × 7
- − 15
- ÷ 4
- − 11
- × 9
- Answer

FIRST LEVEL

 37

| 59 |
| + 13 |
| 1/3 of this |
| + 26 |
| 2/5 of this |
| + 7 |
| 2/3 of this |
| + 59 |
| **Answer** |

 38

| 41 |
| + 86 |
| x 2 |
| − 56 |
| 50% of this |
| ÷ 9 |
| x 20 |
| + 73 |
| **Answer** |

FIRST LEVEL

39

| 184 |
| 1/4 of this |
| + 18 |
| 1/4 of this |
| + 18 |
| 1/2 of this |
| + 18 |
| 3/7 of this |
| Answer |

40

| 24 |
| x 5 |
| 3/12 of this |
| + 8 |
| 1/2 of this |
| x 3 |
| + 6 |
| 5/9 of this |
| Answer |

SECOND LEVEL

| 71 |
| + 57 |
| ÷ 16 |
| Cubed |
| Add to its reverse |
| x 2 |
| − 888 |
| Double it |
| **Answer** |

| 829 |
| − 555 |
| 1/2 of this |
| + 85 |
| ÷ 37 |
| This cubed |
| 3/9 of this |
| 3/8 of this |
| **Answer** |

SECOND LEVEL

5291

− 685

1/2 of this

− 1203

30% of this

9/10 of this

5/9 of this

11/15 of this

Answer

341

x 2

− 98

75% of this

1/2 of this

÷ 3

200% of this

− 52

Answer

SECOND LEVEL

45

1276
÷ 4
− 92
Double it
+ 268
1/2 of this
− 129
3/8 of this
Answer

46

23
x 11
− 192
x 4
+ 62
÷ 3
5/6 of this
+ 97
Answer

SECOND LEVEL

47

- 304
- Add to its reverse
- 4/7 of this
- x 1.25
- + 72
- − 131
- 1/2 of this
- x 4
- Answer

48

- 942
- ÷ 3
- + 6
- 3/8 of this
- 2/5 of this
- ÷ 6
- x 1.75
- Squared
- Answer

SECOND LEVEL

| 138 |
| + 58 |
| Square root of this |
| + 2/7 of this |
| x 5 |
| 3/10 of this |
| Cube root of this |
| x 49 |
| **Answer** |

| 51 |
| ÷ 3 |
| + 67 |
| 3/7 of this |
| 150% of this |
| 8/9 of this |
| x 7 |
| ÷ 3 |
| **Answer** |

SECOND LEVEL

51

58
1/2 of this
+ 87
+ 25% of this
120% of this
x 2
+ 86
1/2 of this
Answer

52

28
x 5
4/7 of this
x 2.25
− 69
÷ 3
+ 155
5/8 of this
Answer

SECOND LEVEL

64
12.5% of this
x 21
2/3 of this
75% of this
÷ 7
x 13
5/6 of this
Answer

875
÷ 7
60% of this
x 13
÷ 5
+ 1/3 of this
2/13 of this
450% of this
Answer

SECOND LEVEL

55

156
4/13 of this
x 3
÷ 9
Squared
7/8 of this
5/16 of this
90% of this
Answer

56

29
x 3
+ 78
÷ 11
+ 25
3/10 of this
x 7
÷ 3
Answer

SECOND LEVEL

57	48
÷ 3	+ 159
+ 78	2/9 of this
x 2	Double it
− 138	− 12
4/7 of this	25% of this
300% of this	Squared
+ 29	75% of this
Answer	Answer

SECOND LEVEL

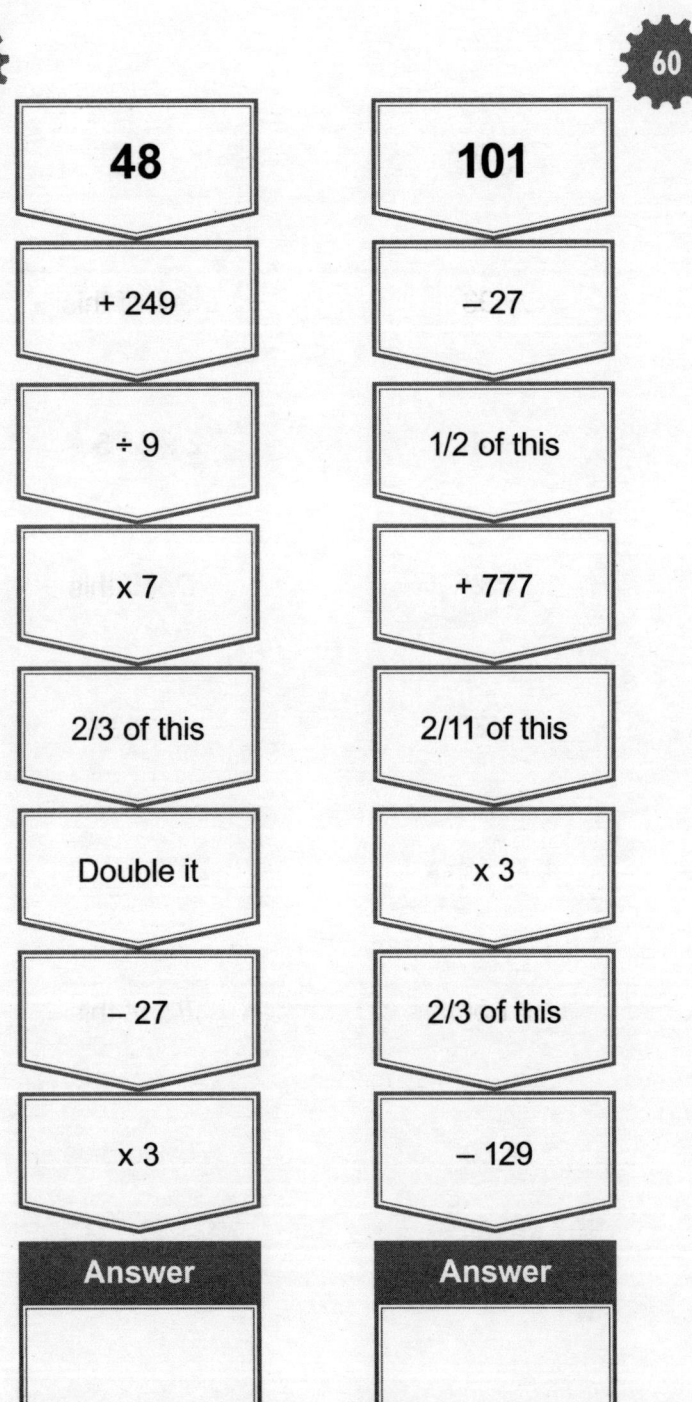

SECOND LEVEL

| 359 |
| + 93 |
| ÷ 4 |
| − 87 |
| x 7 |
| + 56 |
| 1/2 of this |
| x 3 |
| **Answer** |

| 55 |
| 4/11 of this |
| x 1.75 |
| 2/7 of this |
| x 400% |
| + 47 |
| 2/3 of this |
| ÷ 0.5 |
| **Answer** |

SECOND LEVEL

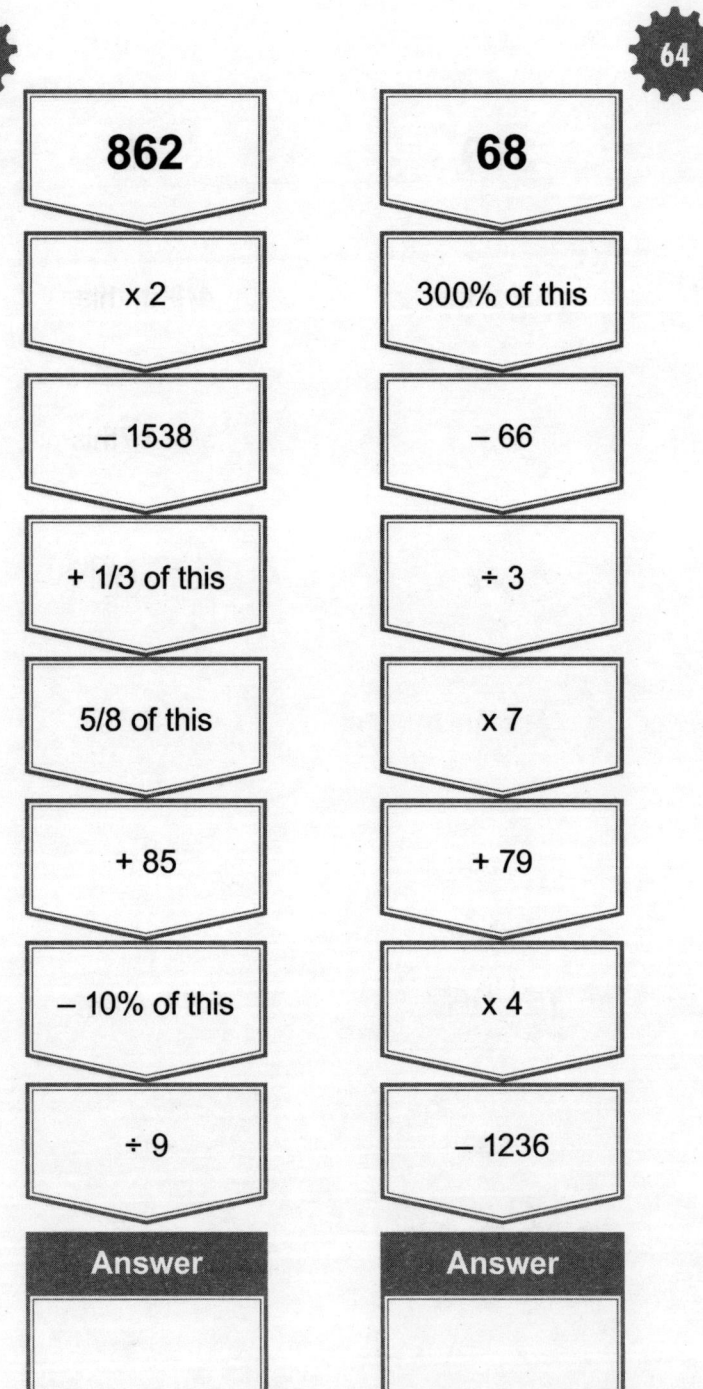

63

| 862 |
| x 2 |
| − 1538 |
| + 1/3 of this |
| 5/8 of this |
| + 85 |
| − 10% of this |
| ÷ 9 |
| Answer |

64

| 68 |
| 300% of this |
| − 66 |
| ÷ 3 |
| x 7 |
| + 79 |
| x 4 |
| − 1236 |
| Answer |

SECOND LEVEL

 65

- 315
- 4/15 of this
- x 3
- 1/2 of this
- 5/9 of this
- 350% of this
- Add to its reverse
- − 396
- Answer

 66

- 99
- 5/9 of this
- 5/11 of this
- Square root of this
- + 20%
- + 5
- Squared
- x 3
- Answer

SECOND LEVEL

67

99
2/11 of this
Squared
2/9 of this
3/8 of this
x 4
+ 225
2/9 of this
Answer

68

66
x 3
5/18 of this
3/5 of this
x 7
2/3 of this
− 117
x 8
Answer

SECOND LEVEL

127
+ 43
+ 20% of this
÷ 4
÷ 3
+ 283
31% of this
− 67
Answer

120
7/10 of this
x 1.75
÷ 3
Square root of this
x 15
+ 2/3 of this
÷ 5
Answer

SECOND LEVEL

71

- 55
- 3/11 of this
- Squared
- ÷ 9
- 3/5 of this
- x 9
- + 86
- x 6
- Answer

72

- 216
- Cube root of this
- x 18
- 4/9 of this
- 3/8 of this
- x 9
- 11/18 of this
- + 283
- Answer

SECOND LEVEL

73

1215

÷ 5

÷ 27

+ 5/9 of this

3/7 of this

+ 2/3 of this

950% of this

+ 36

Answer

74

99

4/11 of this

Square root of this

x 8

1/4 of this

x 22

5/6 of this

7/11 of this

Answer

SECOND LEVEL

75

84
6/7 of this
x 2
− 29
÷ 5
x 4
+ 29
5/11 of this
Answer

66
+ 1/3 of this
x 3
− 87
2/3 of this
+ 47
7/15 of this
4/11 of this
Answer

SECOND LEVEL

48
1/4 of this
x 9
+ 76
1/2 of this
x 4
− 229
x 2
Answer

51
+ 1/3 of this
÷ 4
x 11
+ 55
1/2 of this
Square root of this
x 17
Answer

SECOND LEVEL

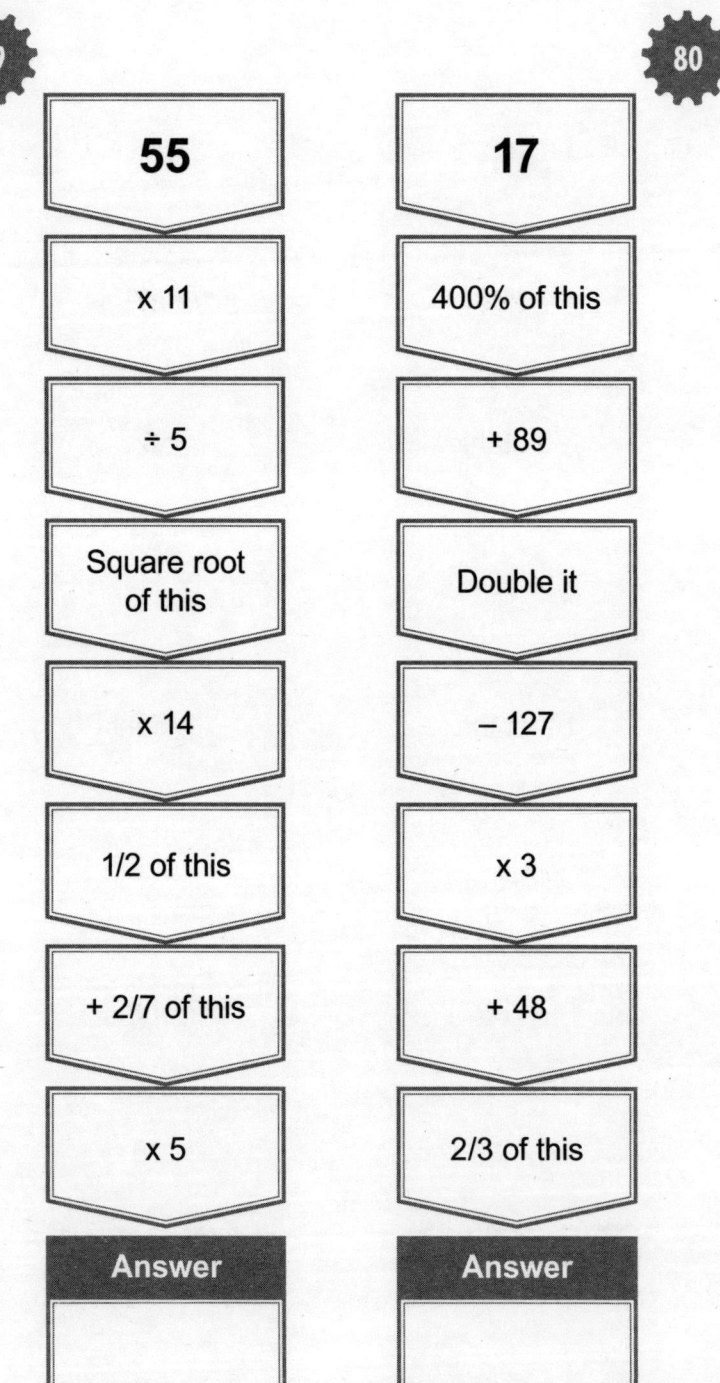

79

| 55 |
| x 11 |
| ÷ 5 |
| Square root of this |
| x 14 |
| 1/2 of this |
| + 2/7 of this |
| x 5 |
| Answer |

80

| 17 |
| 400% of this |
| + 89 |
| Double it |
| − 127 |
| x 3 |
| + 48 |
| 2/3 of this |
| Answer |

SECOND LEVEL

| 563 |
| + 298 |
| 2/3 of this |
| 50% of this |
| − 125 |
| × 3 |
| ÷ 18 |
| Cube root of this |
| **Answer** |

| 19 |
| + 27 |
| × 3 |
| Add to its reverse |
| 2/3 of this |
| − 259 |
| 5/9 of this |
| + 66 |
| **Answer** |

SECOND LEVEL

83

| 309 |
| + 1/3 of this |
| − 367 |
| 4/9 of this |
| 650% of this |
| 70% of this |
| Double it |
| − 36 |
| **Answer** |

84

| 35 |
| + 23 |
| x 2 |
| 3/4 of this |
| ÷ 3 |
| − 17 |
| x 15 |
| 20% of this |
| **Answer** |

SECOND LEVEL

76	34
3/19 of this	6/17 of this
x 13	+ 89
3/4 of this	x 3
1/3 of this	− 79
500% of this	5/8 of this
÷ 3	60% of this
2/13 of this	7/12 of this
Answer	**Answer**

SECOND LEVEL

87

| 355 |
| ÷ 5 |
| − 49 |
| x 11 |
| + 66 |
| x 2 |
| 5/8 of this |
| 5/11 of this |
| Answer |

88

| 501 |
| − 180 |
| 2/3 of this |
| Double it |
| + 3/4 of this |
| − 627 |
| + 178 |
| 22% of this |
| Answer |

SECOND LEVEL

89

| 141 |
| 2/3 of this |
| x 3 |
| + 96 |
| 1/2 of this |
| 20/21 of this |
| x 3.5 |
| 7/9 of this |
| Answer |

90

| 321 |
| x 2 |
| 5/6 of this |
| x 3 |
| ÷ 15 |
| + 92 |
| x 2 |
| − 279 |
| Answer |

SECOND LEVEL

91

| 107 |
| − 82 |
| Squared |
| 4/5 of this |
| 9/10 of this |
| − 267 |
| ÷ 3 |
| x 8 |
| Answer |

92

| 41 |
| x 3 |
| + 87 |
| 2/3 of this |
| 7/10 of this |
| 1/2 of this |
| 5/7 of this |
| x 5 |
| Answer |

SECOND LEVEL

| 456 |
| 2/3 of this |
| ÷ 4 |
| x 1.5 |
| x 3 |
| 5/9 of this |
| Less 10% |
| 2/19 of this |
| **Answer** |

| 57 |
| x 2 |
| 2/3 of this |
| ÷ 4 |
| + 137 |
| + 2/3 of this |
| 7/10 of this |
| − 49 |
| **Answer** |

SECOND LEVEL

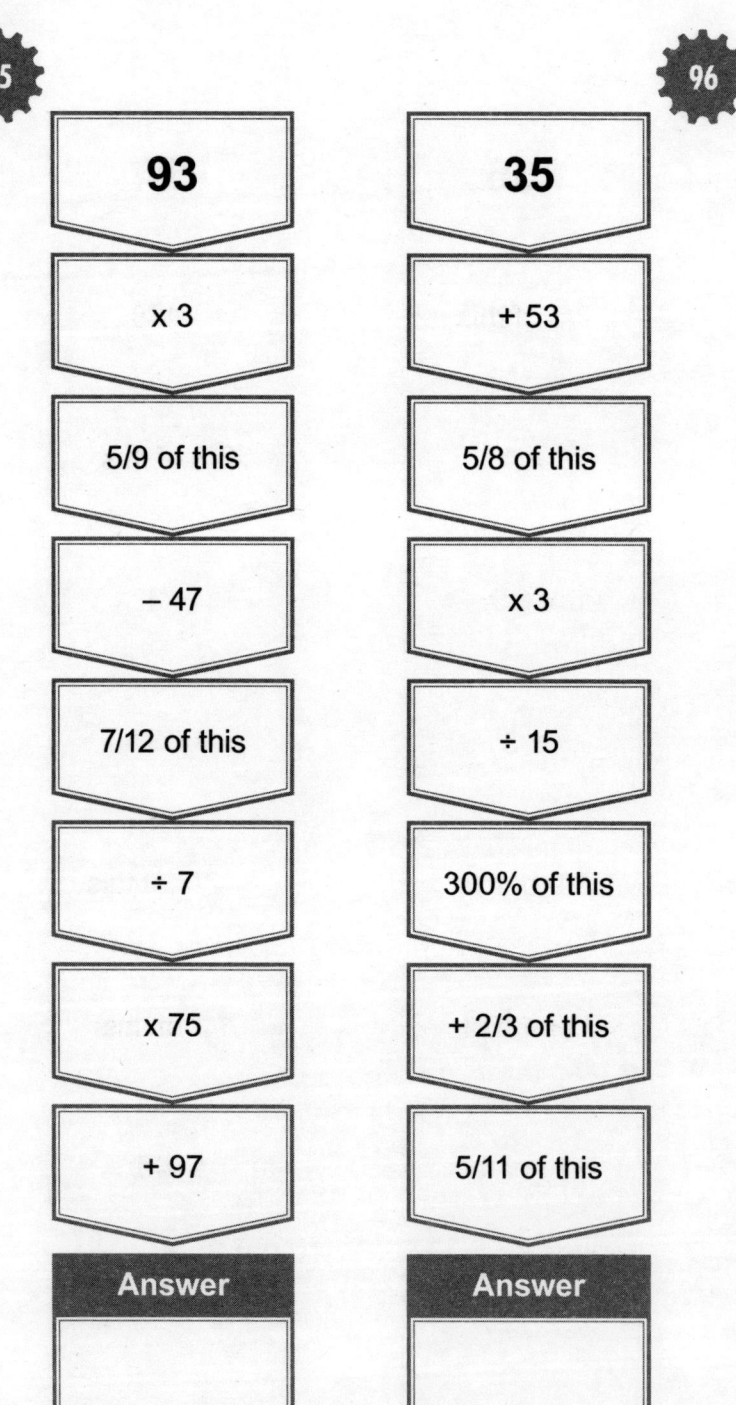

95

- 93
- × 3
- 5/9 of this
- − 47
- 7/12 of this
- ÷ 7
- × 75
- + 97
- Answer

96

- 35
- + 53
- 5/8 of this
- × 3
- ÷ 15
- 300% of this
- + 2/3 of this
- 5/11 of this
- Answer

SECOND LEVEL

360	424
÷ 12	− 148
x 7	2/3 of this
90% of this	x 3
÷ 3	3/4 of this
5/9 of this	8/9 of this
+ 149	1/2 of this
÷ 8	+ 129
Answer	Answer

SECOND LEVEL

99

- 394
- 1/2 of this
- + 88
- ÷ 3
- 120% of this
- − 77
- Double it
- x 5
- Answer

100

- 2222
- ÷ 11
- 150% of this
- + 30
- 5/37 of this
- ÷ 15
- 2/3 of this
- x 86
- Answer

SECOND LEVEL

 101

- **57**
- Add to its reverse
- 5/6 of this
- 3/10 of this
- x 7
- 2/3 of this
- Double it
- − 126
- Answer

 102

- **68**
- 9/17 of this
- 8/9 of this
- x 6
- 2/3 of this
- 3/8 of this
- + 1/6 of this
- x 4
- Answer

SECOND LEVEL

103

- 324
- Square root of this
- 5/9 of this
- 450% of this
- 4/5 of this
- x 4
- + 107
- x 2
- Answer

104

- 32
- x 5
- + 10%
- ÷ 4
- 5/11 of this
- x 4.5
- ÷ 5
- x 3
- Answer

SECOND LEVEL

16	88
25% of this	5/11 of this
Cubed	55% of this
x 2	x 9
÷ 8	1/6 of this
+ 75% of this	x 11
5/7 of this	2/3 of this
550% of this	− 176
Answer	Answer

SECOND LEVEL

107

68
11/17 of this
+ 25% of this
x 5
− 127
3/4 of this
3/37 of this
Cubed
Answer

108

89
+ 57
− 29
5/9 of this
4/5 of this
x 7
x 0.75
÷ 3
Answer

SECOND LEVEL

 109

- **32**
- 7/8 of this
- 125% of this
- x 7
- + 27
- ÷ 4
- 1/4 of this
- + 84
- Answer

 110

- **72**
- 5/9 of this
- Squared
- 25% of this
- − 69
- x 2
- + 880
- 2/3 of this
- Answer

SECOND LEVEL

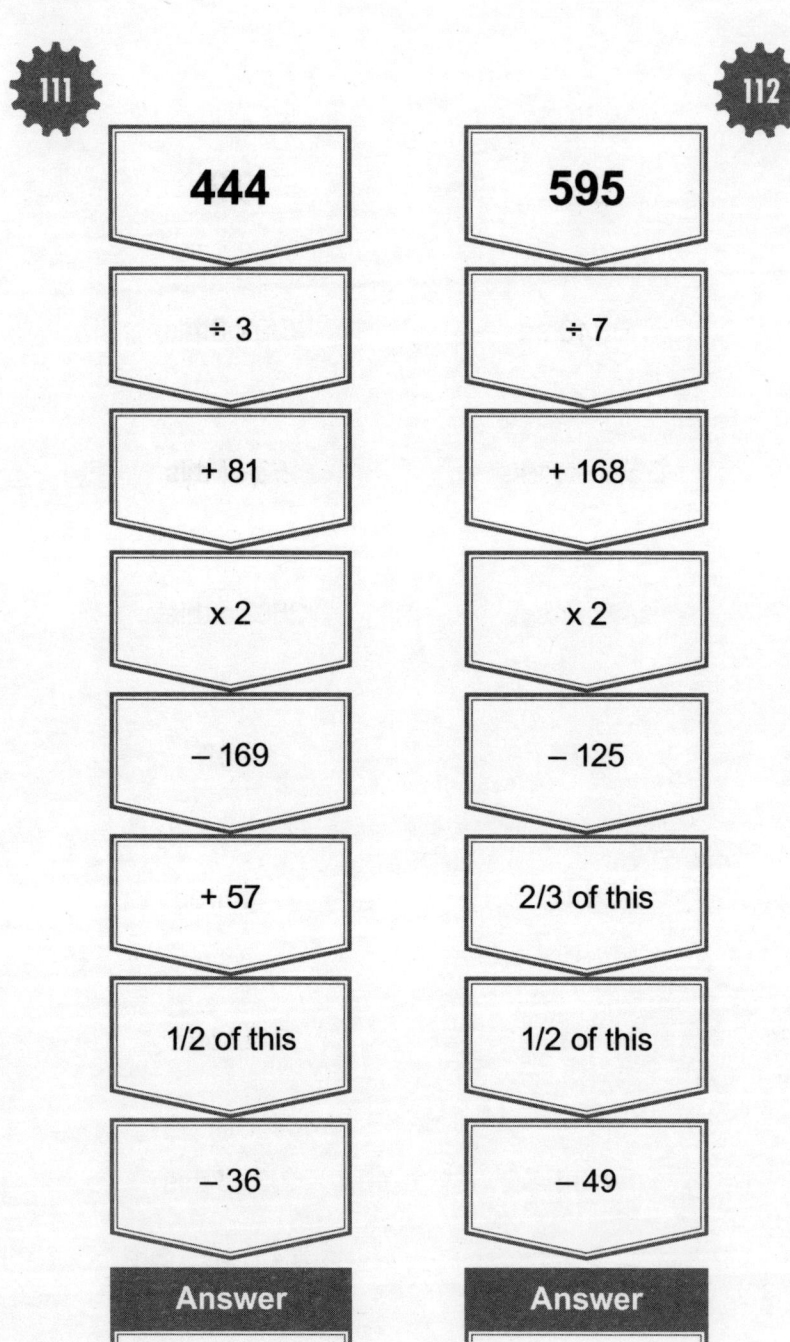

SECOND LEVEL

291	33
+ 49	x 6
20% of this	2/3 of this
1/4 of this	5/6 of this
x 7	− 87
Double it	Squared
− 190	Double it
+ 32	− 777
Answer	Answer

SECOND LEVEL

 115

- 1141
- − 114
- × 2
- + 81
- ÷ 5
- − 66
- × 3
- + 241
- **Answer**

 116

- 88
- 4/11 of this
- 5/8 of this
- × 2.5
- + 273
- − 171
- 5/19 of this
- 85% of this
- **Answer**

SECOND LEVEL

885

÷ 5

2/3 of this

250% of this

÷ 5

+ 225

+ 3/4 of this

− 76

Answer

380

2/19 of this

450% of this

7/10 of this

5/9 of this

− 39

× 9

2/3 of this

Answer

SECOND LEVEL

- **99**
- × 8
- ÷ 18
- 5/11 of this
- Squared
- + 41
- Square root of this
- 4/7 of this
- Answer

- **1035**
- − 828
- × 2
- 7/18 of this
- + 89
- 20% of this
- 3/5 of this
- Squared
- Answer

SECOND LEVEL

 121

- **59**
- + 17
- 75% of this
- x 2
- 5/6 of this
- − 59
- + 292
- 5/8 of this
- Answer

 122

- **77**
- x 2
- − 66
- 9/11 of this
- 1/2 of this
- 5/6 of this
- x 12
- 65% of this
- Answer

SECOND LEVEL

123

21
3/7 of this
x 6
1/2 of this
x 7
+ 422
Double it
− 649
Answer

124

71
x 4
Add to its reverse
− 388
8/9 of this
5/8 of this
40% of this
÷ 12
Answer

SECOND LEVEL

 125

- 73
- − 37
- Square root of this
- × 13
- 1/3 of this
- 6/13 of this
- + 5/6 of this
- × 11
- Answer

 **126**

- 333
- + 999
- 4/9 of this
- 3/8 of this
- ÷ 37
- × 15
- 450% of this
- − 89
- Answer

SECOND LEVEL

127

| 22 |
| 3/11 of this |
| x 9 |
| 1/2 of this |
| 5/9 of this |
| Squared |
| 5/9 of this |
| 2/5 of this |
| **Answer** |

128

| 32 |
| 5/8 of this |
| 80% of this |
| x 5 |
| + 72 |
| 2/19 of this |
| x 7 |
| ÷ 8 |
| **Answer** |

SECOND LEVEL

 129

- **390**
- 7/10 of this
- 2/3 of this
- Double it
- 75% of this
- − 87
- ÷ 6
- × 12
- Answer

 **130**

- **424**
- − 128
- 1/2 of this
- ÷ 4
- × 7
- + 955
- × 2
- − 1957
- Answer

SECOND LEVEL

131

- 92
- ÷ 4
- x 7
- + 82
- 5/9 of this
- − 59
- + 3/4 of this
- − 85
- Answer

132

- 91
- x 4
- − 95
- Double it
- + 69
- x 3
- − 1223
- 1/2 of this
- Answer

SECOND LEVEL

133

- **13**
- × 9
- + 414
- 5/9 of this
- ÷ 5
- + 63
- × 5
- 9/10 of this
- **Answer**

134

- **456**
- Add to its reverse
- 1/2 of this
- ÷ 15
- × 9
- + 1/3 of this
- ÷ 3
- 1/4 of this
- **Answer**

SECOND LEVEL

 135

- 69
- x 2
- 2/3 of this
- ÷ 4
- + 137
- 2/5 of this
- Square root of this
- Cube root of this
- Answer

 136

- 89
- + 115
- 5/17 of this
- 80% of this
- 1/8 of this
- x 18
- 2/9 of this
- 5/8 of this
- Answer

SECOND LEVEL

 137

| 27 |
| x 3 |
| − 56 |
| 80% of this |
| 850% of this |
| 7/10 of this |
| Double it |
| + 823 |
| **Answer** |

 138

| 2468 |
| ÷ 4 |
| − 484 |
| x 4 |
| 1/2 of this |
| + 626 |
| ÷ 4 |
| + 919 |
| **Answer** |

SECOND LEVEL

 139

| 326 |
| ÷ 2 |
| + 128 |
| x 2 |
| + 1/3 of this |
| ÷ 8 |
| x 4 |
| − 297 |
| Answer |

 140

| 90 |
| x 1.5 |
| 4/15 of this |
| Square root of this |
| + 8 |
| + 49 |
| − 47 |
| x 2.5 |
| Answer |

SECOND LEVEL

141
26
5/13 of this
x 11
− 69
x 7
+ 124
2/3 of this
1/2 of this
Answer

142
59
x 3
− 114
+ 1/3 of this
5/12 of this
3/7 of this
x 13
+ 85
Answer

SECOND LEVEL

143

- 588
- 2/3 of this
- x 2
- − 57
- + 629
- ÷ 3
- + 88
- 80% of this
- Answer

144

- 75
- x 9
- 20% of this
- ÷ 9
- x 12
- − 55
- 40% of this
- 350% of this
- Answer

SECOND LEVEL

680
+ 10% of this
1/2 of this
− 125
÷ 3
x 6
+ 68
300% of this
Answer

69
4/23 of this
250% of this
110% of this
x 12
÷ 18
+ 179
− 63
Answer

SECOND LEVEL

147

- 686
- ÷ 7
- 1/2 of this
- 2/7 of this
- x 13
- − 66
- ÷ 4
- x 3
- Answer

148

- 42
- + 19
- x 9
- 2/3 of this
- ÷ 3
- + 11
- 4/7 of this
- x 4
- Answer

SECOND LEVEL

6240

3/10 of this

÷ 9

x 4

3/8 of this

+ 64

− 109

2/3 of this

Answer

1947

Double it

− 1821

÷ 3

+ 104

÷ 15

x 4

− 79

Answer

SECOND LEVEL

151

- 108
- ÷ 12
- x 7
- 5/9 of this
- 40% of this
- + 92
- 150% of this
- − 84
- Answer

152

- 29
- − 14
- Squared
- ÷ 3
- + 2/3 of this
- 4/5 of this
- 67% of this
- + 88
- Answer

SECOND LEVEL

 153

- **340**
- ÷ 17
- x 2.5
- Squared
- 20% of this
- 15% of this
- x 9
- 2/3 of this
- **Answer**

 154

- **929**
- x 2
- − 1376
- 1/2 of this
- + 89
- 7/11 of this
- ÷ 3
- 40% of this
- **Answer**

THIRD LEVEL

155

312
+ 95
x 6
+ 4070
x 3
5/12 of this
3/5 of this
− 3997
Answer

156

22
Squared
x 4
5/16 of this
÷ 0.25
− 987
Double it
+ 777
Answer

THIRD LEVEL

 157

| 38 |
| x 16 |
| 3/8 of this |
| 5/19 of this |
| + 45% |
| + 2/3 of this |
| 27/29 of this |
| 11/15 of this |
| Answer |

 158

| 97 |
| x 3 |
| + 857 |
| Double it |
| x 0.375 |
| + 228 |
| Square root of this |
| x 111 |
| Answer |

THIRD LEVEL

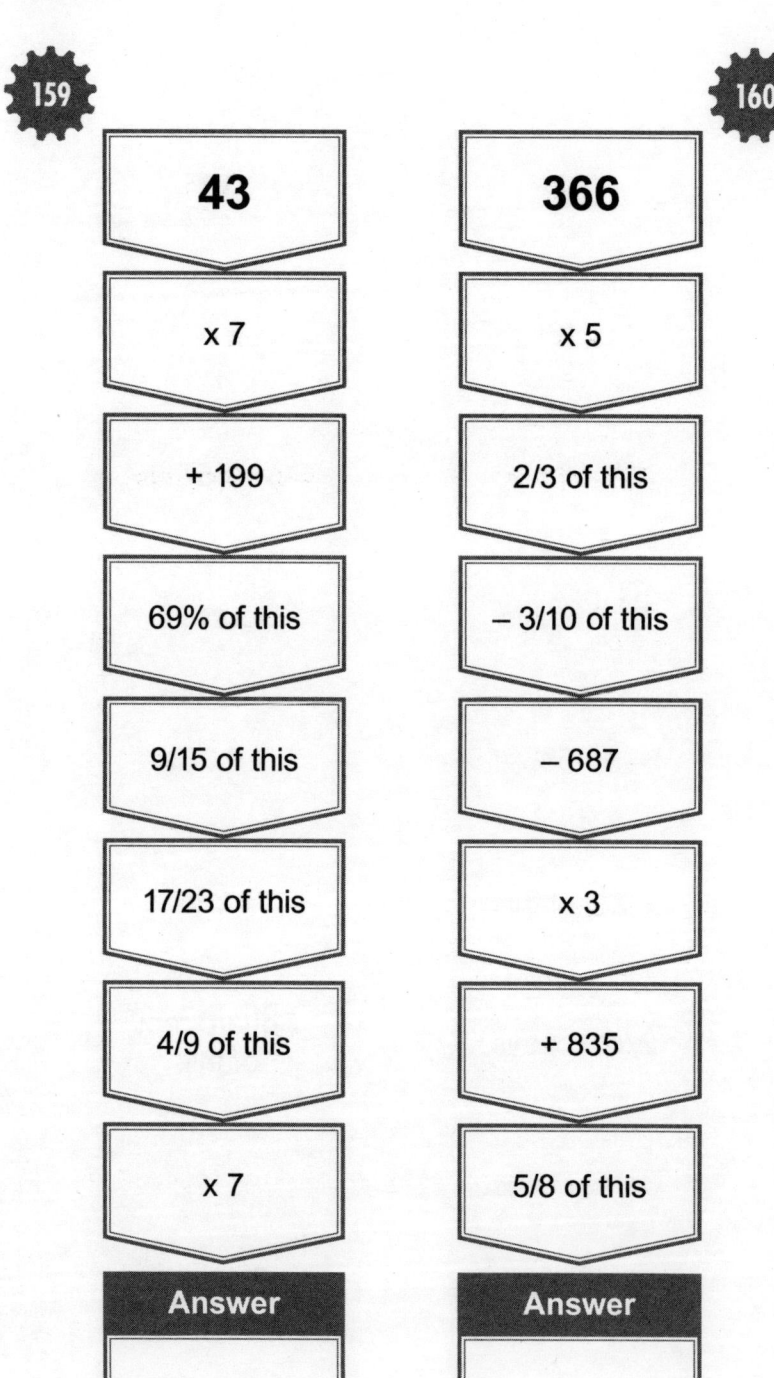

THIRD LEVEL

| 149 |
| x 5 |
| 40% of this |
| + Cube root of 8 |
| 58% of this |
| + 1/3 of this |
| 5/8 of this |
| 4/5 of this |
| Answer |

| 332 |
| x 4 |
| – 5/16 of this |
| – 586 |
| 2/3 of this |
| + 694 |
| 5/8 of this |
| 17/19 of this |
| Answer |

THIRD LEVEL

163

285

15/19 of this

Square root of this

÷ 0.75

x 23

+ 20% of this

+ 1/3 of this

x 0.875

Answer

164

578

÷ 2

Square root of this

+ 68

80% of this

x 1.75

Double it

− 109

Answer

THIRD LEVEL

| 256 |
| ÷ 0.5 |
| Cube root of this |
| × 1.75 |
| × 2.5 |
| Squared |
| 6/49 of this |
| 68% of this |
| Answer |

| 1135 |
| + 3/5 of this |
| − 3/8 of this |
| ÷ 5 |
| ÷ 0.25 |
| + 685 |
| 5/9 of this |
| 11/15 of this |
| Answer |

THIRD LEVEL

167

| 11 |
| x 33 |
| − 1/3 of this |
| x 9 |
| 11/18 of this |
| Add its cube root to this |
| 1/2 of this |
| x 4 |
| **Answer** |

168

| 575 |
| 3/23 of this |
| Squared |
| ÷ 625 |
| x 83 |
| x 4 |
| 5/18 of this |
| − 7/10 of this |
| **Answer** |

THIRD LEVEL

| 72 |
| Squared |
| 1/9 of this |
| 5/8 of this |
| x 7 |
| 7/40 of this |
| 5/9 of this |
| − 76 |
| Answer |

| 228 |
| 9/12 of this |
| 5/9 of this |
| 6/19 of this |
| Squared |
| 27% of this |
| x 2 |
| 5/27 of this |
| Answer |

THIRD LEVEL

171

- 7
- To the power of 4
- − 701
- 29% of this
- × 2
- + 292
- 7/18 of this
- − 147
- Answer

172

- 89
- × 3
- ÷ 0.3
- + 60%
- 3/8 of this
- + 266
- 19% of this
- 5/19 of this
- Answer

THIRD LEVEL

| 33 |
| x 25 |
| 2/3 of this |
| 9/11 of this |
| 28% of this |
| 5/14 of this |
| + 89 |
| ÷ 0.25 |
| Answer |

| 13 |
| x 24 |
| 5/12 of this |
| + 9/10 of this |
| 6/13 of this |
| + 2/3 of this |
| x 4 |
| 3/8 of this |
| Answer |

THIRD LEVEL

175

- 26
- Cubed
- 3/8 of this
- + 2/3 of this
- 60% of this
- − 4607
- 5/16 of this
- 3/5 of this
- Answer

176

- 3
- To the power of 4
- x 5
- + 2/3 of this
- + 5/9 of this
- + 39
- Square root of this
- x 15
- Answer

THIRD LEVEL

177

- **702**
- 7/39 of this
- + 224
- 7/10 of this
- 3/5 of this
- 2/3 of this
- x 7
- x 2.5
- Answer

178

- **67**
- + 28
- 8/19 of this
- 90% of this
- + Square root of this
- 900% of this
- 7/18 of this
- + 2/3 of this
- Answer

THIRD LEVEL

179

- 276
- x 8
- 19/23 of this
- − 3/16 of this
- + 2/3 of this
- 70% of this
- − 835
- 1/2 of this
- Answer

180

- 166
- x 4
- 7/8 of this
- − 494
- + 2/3 of this
- + 4/5 of this
- x 4
- 5/6 of this
- Answer

THIRD LEVEL

| 46 |
| x 7.5 |
| 13/15 of this |
| + 519 |
| Double it |
| − 25% of this |
| − 989 |
| x 9 |
| Answer |

| 38 |
| x 22 |
| − 212 |
| 3/4 of this |
| ÷ 6 |
| 350% of this |
| 5/13 of this |
| 5/21 of this |
| Answer |

THIRD LEVEL

183

- 292
- + 3/4 of this
- x 9
- Double it
- 7/18 of this
- − 698
- − 1993
- x 5
- Answer

184

- 36
- + 5/9 of this
- x 1.375
- x 7
- − 33
- 19/22 of this
- − 91
- x 2.5
- Answer

THIRD LEVEL

| 62 |
| ÷ 0.5 |
| x 8 |
| 11/16 of this |
| x 3 |
| 5/6 of this |
| 80% of this |
| x 0.25 |

Answer

| 672 |
| + 5/6 of this |
| x 0.625 |
| + 3/10 of this |
| x 22 |
| − 50% of this |
| − 6894 |
| x 3 |

Answer

THIRD LEVEL

187

59
x 4
+ 3/4 of this
− 78
x 0.2
+ 233
61% of this
+ 2/3 of this
Answer

188

129
2/3 of this
x 13
Double it
− 25% of this
− 949
5/14 of this
− 2/5 of this
Answer

THIRD LEVEL

39
× 14
Double it
5/13 of this
+ 8/21 of this
13/29 of this
− 3/10 of this
÷ 0.2
Answer

387
5/9 of this
4/5 of this
− 3/4 of this
× 8
+ 7/8 of this
3/5 of this
7/9 of this
Answer

THIRD LEVEL

191

| 15 |
| x 75 |
| 2/3 of this |
| ÷ 25 |
| x 2.6 |
| + 1/3 of this |
| 37.5% of this |
| + 2/3 of this |
| Answer |

192

| 44 |
| 7/11 of this |
| 5/7 of this |
| + 60% |
| Squared |
| 5/16 of this |
| 1/4 of this |
| ÷ 1.25 |
| Answer |

THIRD LEVEL

193

| 599 |
| ÷ 0.25 |
| Double it |
| 375% of this |
| 3/10 of this |
| − 5/9 of this |
| x 0.75 |
| − 878 |
| Answer |

194

| 238 |
| 5/14 of this |
| 240% of this |
| 5/6 of this |
| 9/10 of this |
| 7/9 of this |
| x 4 |
| + 787 |
| Answer |

THIRD LEVEL

195

| 62 |
| x 9 |
| 5/6 of this |
| 8/15 of this |
| 5/8 of this |
| + 4/5 of this |
| + 2/9 of this |
| − 192 |
| Answer |

196

| 338 |
| x 7 |
| 9/14 of this |
| 2/9 of this |
| x 3.5 |
| 2/7 of this |
| x 8 |
| 13/16 of this |
| Answer |

THIRD LEVEL

197

240

9/40 of this

x 7

11/18 of this

÷ 1.5

x 5

x 1.6

Add to its reverse

Answer

198

234

10/13 of this

Less the square of 13

Squared

+ 683

÷ 0.4

2/67 of this

÷ 1.25

Answer

THIRD LEVEL

199

583
−77
4/11 of this
x 0.625
x 0.4
x 13
Double it
− 555
Answer

200

631
x 5
+ 60%
÷ 2
x 3.75
6/15 of this
+ 214
73% of this
Answer

THIRD LEVEL

201

77
7/11 of this
− 4/7 of this
Cubed
1/9 of this
2/3 of this
Double it
x 7
Answer

202

72
7/12 of this
300% of this
11/14 of this
÷ 0.3
10/11 of this
94% of this
2/3 of this
Answer

THIRD LEVEL

203

- 52
- x 3
- x 1.25
- 7/13 of this
- 5/7 of this
- x 13
- 28/39 of this
- 39% of this
- Answer

204

- 52
- 7/13 of this
- x 9
- 1/6 of this
- Squared
- − 3/4 of this
- 5/9 of this
- + 60% of this
- Answer

THIRD LEVEL

205

| 571 |
| x 2 |
| + 691 |
| 2/3 of this |
| 1/2 of this |
| − 447 |
| 275% of this |
| x 7 |
| **Answer** |

206

| 729 |
| x 8 |
| Cube root of this |
| + 28 |
| x 7 |
| + 2/7 of this |
| 5/18 of this |
| 240% of this |
| **Answer** |

THIRD LEVEL

| 996 |
| ÷ 4 |
| 2/3 of this |
| − 98 |
| ÷ 0.8 |
| 14/17 of this |
| ÷ 0.7 |
| Cubed |
| Answer |

| 59 |
| x 6 |
| + 2/3 of this |
| 3/10 of this |
| 2/3 of this |
| x 4 |
| − 319 |
| + 7/9 of this |
| Answer |

THIRD LEVEL

884

3/17 of this

+ 395

3/19 of this

+ 2/3 of this

5/29 of this

+ 44

14/23 of this

Answer

247

3/13 of this

5/19 of this

x 35

5/21 of this

Cube root of this

x 1.4

x 45

Answer

THIRD LEVEL

211

- **892**
- x 2.5
- 70% of this
- + 269
- 4/15 of this
- + 7/8 of this
- − 3/5 of this
- x 7
- Answer

212

- **203**
- 5/29 of this
- 120% of this
- 3/7 of this
- Squared
- + 276
- 32% of this
- + 2/3 of this
- Answer

THIRD LEVEL

| 61 |
| ÷ 0.5 |
| x 12 |
| ÷ 0.6 |
| 3/8 of this |
| + 4/15 of this |
| Double it |
| − 978 |
| Answer |

| 425 |
| 11/17 of this |
| 5/11 of this |
| x 0.4 |
| 320% of this |
| 23/32 of this |
| 18/23 of this |
| ÷ 0.3 |
| Answer |

THIRD LEVEL

215	216
468	572
Double it	Double it
÷ 24	− 0.125 of this
x 11	x 11
÷ 3	− 7477
x 6	1/2 of this
+ 1144	2/3 of this
7/11 of this	5/19 of this
Answer	Answer

THIRD LEVEL

 217

| 14 |
| Squared |
| x 2 |
| 3/8 of this |
| 5/49 of this |
| x 12 |
| x 0.45 |
| Square root of this |
| **Answer** |

 **218**

| 293 |
| + 739 |
| − 5/8 of this |
| 2/9 of this |
| x 7 |
| 5/14 of this |
| + 3/5 of this |
| 275% of this |
| **Answer** |

THIRD LEVEL

219

133
x 6
5/19 of this
+ 2/3 of this
+ 60% of this
− 15% of this
1/2 of this
x 11
Answer

220

24
Squared
3/12 of this
Square root of this
x 1.25
x 25
4/15 of this
÷ 0.4
Answer

THIRD LEVEL

221

| 47 |
| x 9 |
| − 219 |
| 275% of this |
| 2/3 of this |
| x 6 |
| − 1/6 of this |
| 3/10 of this |
| Answer |

222

| 24 |
| ÷ 0.25 |
| 7/12 of this |
| x 1.875 |
| 19/21 of this |
| 7/19 of this |
| + 5/7 of this |
| ÷ 1.25 |
| Answer |

THIRD LEVEL

223

- 257
- Add to its reverse
- − 638
- 5/7 of this
- + 3/5 of this
- + 3/4 of this
- x 4
- 3/8 of this
- Answer

224

- 19
- x 15
- x 3
- 5/19 of this
- x 14
- 70% of this
- 3/5 of this
- 7/9 of this
- Answer

THIRD LEVEL

225

161

4/7 of this

+ 749

× 3

+ 2/3 of this

÷ 5

+ 92

− 719

Answer

226

171

÷ 9

Squared

− 59

× 2.5

Product of its 3 digits

3/7 of this

÷ 0.75

Answer

THIRD LEVEL

227

| 576 |
| x 0.75 |
| + 64 |
| + Cube root of 64 |
| 71% of this |
| − 15 |
| 3/17 of this |
| 7/12 of this |
| **Answer** |

228

| 195 |
| 7/13 of this |
| + 4/5 of this |
| 2/7 of this |
| − 1/6 of this |
| x 11 |
| 3/5 of this |
| Add to its reverse |
| **Answer** |

THIRD LEVEL

229

207

x 6

17/23 of this

7/18 of this

+ 2/3 of this

4/5 of this

÷ 1.75

x 9

Answer

230

342

x 4

5/8 of this

+ 4/15 of this

2/3 of this

x 8

9/16 of this

2/9 of this

Answer

THIRD LEVEL

231

| 91 |
| x 11 |
| − 869 |
| 5/6 of this |
| + 30% of this |
| ÷ 0.25 |
| + 38 |
| 80% of this |
| **Answer** |

232

| 572 |
| 7/11 of this |
| 9/52 of this |
| 5/9 of this |
| Squared |
| 60% of this |
| 4/15 of this |
| Square root of this |
| **Answer** |

THIRD LEVEL

841

Add its square root to this

÷ 1.25

x 3

− 5/6 of this

9/29 of this

+ 5/9 of this

+ 224

Answer

286

19/22 of this

x 11

x 2

− 4945

+ 815

5/8 of this

− 4/5 of this

Answer

THIRD LEVEL

235

- 997
- x 3
- + 509
- 32% of this
- 60% of this
- 2/3 of this
- 5/16 of this
- x 1.75
- Answer

236

- 357
- Add to its reverse
- 7/10 of this
- + 2/3 of this
- ÷ 5
- − 193
- + 86
- 17/19 of this
- Answer

THIRD LEVEL

 237

| 72 |
| x 18 |
| 3/8 of this |
| 7/18 of this |
| + 83 |
| 14/17 of this |
| 12.5% of this |
| ÷ 0.2 |
| **Answer** |

 238

| 476 |
| ÷ 28 |
| Squared |
| x 3 |
| − 292 |
| 19/23 of this |
| ÷ 0.76 |
| Divided by 5 cubed |
| **Answer** |

THIRD LEVEL

239	240
84	324
5/7 of this	x 6
Squared	7/18 of this
7/18 of this	÷ 18
− 578	+ 2/7 of this
+ 1096	+ 7/18 of this
1/2 of this	x 13
+ 697	20% of this
Answer	Answer

THIRD LEVEL

| 657 |
| 5/9 of this |
| x 4 |
| + 90% of this |
| − 397 |
| Double it |
| x 2.5 |
| 4/5 of this |
| Answer |

| 968 |
| 125% of this |
| − 869 |
| + 4572 |
| Cube root of this |
| x 8 |
| 7/34 of this |
| 9/14 of this |
| Answer |

THIRD LEVEL

- **29**
- Cubed
- − 15497
- 3/4 of this
- 5/9 of this
- 7/15 of this
- Double it
- − 2569
- Answer

- **720**
- 87.5% of this
- 7/18 of this
- × 2
- 9/14 of this
- 180% of this
- ÷ 3
- + 5/9 of this
- Answer

THIRD LEVEL

245

- 74
- x 8
- 11/16 of this
- Add to its reverse
- − 777
- x 8
- 3/16 of this
- + 835
- Answer

246

- 23
- Squared
- + 633
- ÷ 0.25
- − 3/8 of this
- x 3
- 4/15 of this
- 1/2 of this
- Answer

THIRD LEVEL

247

559
Product of its 3 digits
Square root of this
x 39
+ 4/9 of this
÷ 5
− 77
x 3.75
Answer

248

406
21/29 of this
9/14 of this
4/9 of this
x 12
7/18 of this
÷ 0.25
÷ 32
Answer

THIRD LEVEL

249

142857
Double it
3/37 of this
5/11 of this
7/10 of this
5/9 of this
60% of this
5/9 of this
Answer

250

22
Squared
x 1.25
40% of this
+ 254
x 0.375
+ 1/3 of this
5/8 of this
Answer

THIRD LEVEL

251

92
17/23 of this
4/17 of this
Squared
x 0.375
3/16 of this
Squared
23/36 of this
Answer

252

37
Cubed
− 6298
8/15 of this
x 0.875
Double it
+ 974
÷ 36
Answer

THIRD LEVEL

 253

| 117 |
| 5/9 of this |
| 8/13 of this |
| ÷ 2.5 |
| Squared |
| + 0.625 |
| 5/16 of this |
| − 7/10 of this |
| **Answer** |

 254

| 1997 |
| + 666 |
| Double it |
| − 958 |
| 2/3 of this |
| 5/16 of this |
| 3/5 of this |
| − 2/3 of this |
| **Answer** |

THIRD LEVEL

255

| 65 |
| 7/13 of this |
| 60% of this |
| Squared |
| 4/9 of this |
| x 1.25 |
| 40% of this |
| x 7 |
| Answer |

256

| 1369 |
| Square root of this |
| x 11 |
| + 2047 |
| 1/2 of this |
| + 2/3 of this |
| 3/5 of this |
| ÷ 3 |
| Answer |

THIRD LEVEL

 257

| 50653 |
| Cube root of this |
| x 111 |
| ÷ 3 |
| − 987 |
| x 4 |
| − 0.375 of this |
| 60% of this |
| **Answer** |

 258

| 76 |
| Squared |
| 5/8 of this |
| 7/10 of this |
| 2/7 of this |
| + 82 |
| 3/4 of this |
| 7/9 of this |
| **Answer** |

THIRD LEVEL

259

- 588
- x 2
- 5/8 of this
- 11/15 of this
- Double it
- − 929
- x 7
- + 528
- Answer

260

- 361
- x 4
- Square root of this
- + 7/19 of this
- x 9
- 11/18 of this
- − 197
- Squared
- Answer

THIRD LEVEL

 261

| 156 |
| + 35 |
| x 3 |
| + 2/3 of this |
| − 151 |
| + 2/3 of this |
| 7/20 of this |
| 4/7 of this |

Answer

 262

| 1017 |
| ÷ 3 |
| 2/3 of this |
| + 124 |
| x 0.38 |
| + 77 |
| 5/14 of this |
| + 60% |

Answer

THIRD LEVEL

263

- 309
- + 2/3 of this
- x 7
- − 3/5 of this
- 1/2 of this
- 4/7 of this
- ÷ 0.4
- + 4/5 of this
- Answer

264

- 15
- Squared
- x 4
- 33% of this
- 5/9 of this
- 60% of this
- x 8
- ÷ 0.2
- Answer

THIRD LEVEL

 265

| 162 |
| 2/9 of this |
| Squared |
| ÷ 72 |
| × 5 |
| ÷ 0.6 |
| ÷ 0.75 |
| 30.5% of this |
| **Answer** |

 **266**

| 212 |
| 175% of this |
| × 8 |
| − 1693 |
| 13/15 of this |
| + 4/5 |
| 2/9 of this |
| × 13 |
| **Answer** |

THIRD LEVEL

267

- 605
- 4/11 of this
- x 3.5
- x 4
- ÷ 154
- Cubed
- − 5678
- 11/18 of this
- Answer

268

- 64
- + 72
- 5/8 of this
- x 6
- 4/17 of this
- ÷ 0.75
- 9/32 of this
- Squared
- Answer

THIRD LEVEL

269

| 502 |
| x 9 |
| 1/6 of this |
| ÷ 3 |
| ÷ 0.25 |
| − 695 |
| + 2/3 of this |
| − 3/5 of this |
| Answer |

270

| 340 |
| + 2/17 of this |
| − 5/19 of this |
| x 6 |
| 9/16 of this |
| 5/9 of this |
| + 4/7 of this |
| 3/5 of this |
| Answer |

THIRD LEVEL

271

- 221
- x 6
- 6/17 of this
- + 1427
- − 379
- 75% of this
- x 5
- + 40% of this
- Answer

272

- 558
- − 5/9 of this
- x 0.375
- x 7
- + 2/3 of this
- 2/5 of this
- 3/7 of this
- x 7
- Answer

1
95 − 6 = 89, 89 x 2 = 178, 178 + 4 = 182, 182 ÷ 7 = 26, 26 ÷ 2 = 13, 13 x 6 = 78, 78 + 14 = 92

2
55 x 3 = 165, 165 ÷ 15 = 11, 11 x 2 = 22, 22 + 8 = 30, 50% of 30 = 15, 15 x 9 = 135, 135 − 60 = 75

3
86 ÷ 2 = 43, 43 + 19 = 62, 62 ÷ 2 = 31, 31 x 3 = 93, 93 + 27 = 120, 120 ÷ 6 = 20, 20 + 37 = 57

4
147 ÷ 7 = 21, 21 x 6 = 126, 126 ÷ 14 = 9, 9^2 = 81, 81 reversed = 18, 18 ÷ 3 x 2 = 12, 12 x 13 = 156

5
43 + 188 = 231, 231 reversed = 132, 132 ÷ 6 = 22, 22 x 4 = 88, 88 − 18 = 70, 70 ÷ 2 = 35, 35 + 36 = 71

6
91 + 25 = 116, 116 ÷ 2 = 58, 58 ÷ 2 = 29, 29 + 17 = 46, 46 ÷ 2 = 23, 23 + 17 = 40, 25% of 40 = 10

7
27 + 24 = 51, 51 ÷ 3 = 17, 17 + 9 = 26, 50% of 26 = 13, 13 − 4 = 9, 9 x 8 = 72, 72 − 23 = 49

8
67 + 83 = 150, 150 x 2 = 300, 20% of 300 = 60, 60 ÷ 4 = 15, 15 + 23 = 38, 38 ÷ 19 = 2, 2 x 44 = 88

9
385 − 187 = 198, 198 ÷ 2 = 99, 99 ÷ 9 = 11, 11 x 6 = 66, 66 − 4 = 62, 62 ÷ 2 = 31, 31 + 17 = 48

10
87 − 12 = 75, 75 ÷ 15 = 5, 5 + 87 = 92, 25% of 92 = 23, 23 + 15 = 38, 38 ÷ 2 = 19, 19 + 61 = 80

11
20% of 60 = 12, 12 x 2 = 24, 24 ÷ 8 = 3, 3 x 33 = 99, 99 + 7 = 106, 106 ÷ 2 = 53, 53 + 17 = 70

12
92 ÷ 2 = 46, 46 x 3 = 138, 138 − 24 = 114, 114 ÷ 2 = 57, 57 + 13 = 70, 70 ÷ 7 x 2 = 20, 20 + 320 = 340

13
28 + 32 = 60, 60 x 4 = 240, 240 ÷ 2 = 120, 120 + 12 = 132, 132 ÷ 11 = 12, 12 x 7 = 84, 84 ÷ 4 = 21

14
44 + 68 = 112, 25% of 112 = 28, 28 reversed = 82, 82 − 1 = 81, 81 ÷ 9 = 9, 9 x 7 = 63, 63 + 16 = 79

15
54 − 49 = 5, 5 x 8 = 40, 25% of 40 = 10, 10 x 19 = 190, 190 ÷ 2 = 95, 95 + 3 = 98, 98 ÷ 2 = 49

16
77 x 2 = 154, 154 + 20 = 174, 174 ÷ 3 = 58, 50% of 58 = 29, 29 + 5 = 34, 34 ÷ 2 = 17, 17 − 4 = 13

17
26 + 26 = 52, 52 ÷ 4 = 13, 13 x 8 = 104, 104 − 54 = 50, 50 x 7 = 350, 350 − 48 = 302, 302 reversed = 203

18
46 + 69 = 115, 115 ÷ 5 = 23, 23 − 7 = 16, 16 x 5 = 80, 20% of 80 = 16, 16 + 5 = 21, 21 x 5 = 105

19
80 ÷ 16 = 5, 5 x 19 = 95, 95 − 32 = 63, 63 + 9 x 4 = 28, 28 ÷ 2 = 14, 14 + 18 = 32, 25% of 32 = 8

20
90 ÷ 5 = 18, 18 + 62 = 80, 25% of 80 = 20, 20 ÷ 5 = 4, 4 x 15 = 60, 60 ÷ 5 = 12, 25% of 12 = 3

21
194 + 42 = 236, 50% of 236 = 118, 118 – 78 = 40, 20% of 40 = 8, 8 x 14 = 112, 112 – 4 = 108, 108 ÷ 4 = 27

22
193 + 27 = 220, 10% of 220 = 22, 22 + 27 = 49, 49 ÷ 7 = 7, 7 + 16 = 23, 23 x 2 = 46, 46 + 8 = 54

23
76 + 44 = 120, 25% of 120 = 30, 30 + 12 = 42, 42 ÷ 6 = 7, 7 + 55 = 62, 62 ÷ 2 = 31, 31 + 42 = 73

24
25 + 93 = 118, 118 ÷ 2 = 59, 59 + 7 = 66, 66 ÷ 11 x 2 = 12, 12 ÷ 3 = 4, 4 + 28 = 32, 32 x 4 = 128

25
99 + 99 = 198, 198 ÷ 6 = 33, 33 ÷ 3 x 2 = 22, 22 + 93 = 115, 115 ÷ 5 = 23, 23 + 17 = 40, 40 x 11 = 440

26
142 + 38 = 180, 180 ÷ 3 = 60, 60 ÷ 6 = 10, 10 x 17 = 170, 170 ÷ 2 = 85, 85 ÷ 5 = 17, 17 + 37 = 54

27
168 – 72 = 96, 96 ÷ 4 = 24, 24 x 3 = 72, 72 ÷ 2 = 36, 36 ÷ 6 = 6, 6 x 19 = 114, 114 ÷ 2 = 57

28
45 x 4 = 180, 180 ÷ 6 = 30, 30 + 18 = 48, 48 ÷ 8 = 6, 6 x 12 = 72, 72 – 18 = 54, 54 ÷ 2 = 27

29
61 + 17 = 78, 78 ÷ 6 = 13, 13 + 44 = 57, 57 ÷ 3 = 19, 19 + 43 = 62, 50% of 62 = 31, 31 + 193 = 224

30
165 – 3 = 162, 162 ÷ 3 = 54, 54 + 9 = 63, 63 ÷ 7 = 9, 9^2 = 81, 81 – 65 = 16, 25% of 16 = 4

31
79 – 17 = 62, 62 ÷ 2 = 31, 31 x 3 = 93, 93 + 17 = 110, 110 ÷ 2 = 55, 55 + 17 = 72, 72 ÷ 2 = 36

32
189 – 37 = 152, 152 ÷ 2 = 76, 76 + 6 = 82, 82 ÷ 2 = 41, 41 + 22 = 63, 63 ÷ 9 x 2 = 14, 14 x 3 = 42

33
66 – 17 = 49, 49 ÷ 7 = 7, 7 x 5 = 35, 35 ÷ 5 x 3 = 21, 21 x 4 = 84, 84 + 6 = 90, 90 ÷ 3 x 2 = 60

34
96 – 19 = 77, 77 ÷ 7 = 11, 11^2 = 121, 121 + 14 = 135, 135 ÷ 5 = 27, 27 ÷ 9 = 3, 3 x 16 = 48

35
85 x 3 = 255, 255 – 165 = 90, 50% of 90 = 45, 45 ÷ 9 x 2 = 10, 10 + 130 = 140, 140 ÷ 2 = 70, 70 + 15 = 85

36
88 – 49 = 39, 39 ÷ 3 = 13, 13 x 7 = 91, 91 – 15 = 76, 76 ÷ 4 = 19, 19 – 11 = 8, 8 x 9 = 72

37
59 + 13 = 72, 72 ÷ 3 = 24, 24 + 26 = 50, 50 ÷ 5 x 2 = 20, 20 + 7 = 27, 27 ÷ 3 x 2 = 18, 18 + 59 = 77

38
41 + 86 = 127, 127 x 2 = 254, 254 – 56 = 198, 50% of 198 = 99, 99 ÷ 9 = 11, 11 x 20 = 220, 220 + 73 = 293

39
184 ÷ 4 = 46, 46 + 18 = 64, 64 ÷ 4 = 16, 16 + 18 = 34, 34 ÷ 2 = 17, 17 + 18 = 35, 35 ÷ 7 x 3 = 15

40
24 x 5 = 120, 120 ÷ 12 x 3 = 30, 30 + 8 = 38, 38 ÷ 2 = 19, 19 x 3 = 57, 57 + 6 = 63, 63 ÷ 9 x 5 = 35

41
71 + 57 = 128, 128 ÷ 16 = 8, 8³ = 512, 512 + 215 = 727, 727 x 2 = 1454, 1454 − 888 = 566, 566 x 2 = 1132

42
829 − 555 = 274, 274 ÷ 2 = 137, 137 + 85 = 222, 222 ÷ 37 = 6, 6³ = 216, 216 ÷ 9 x 3 = 72, 72 ÷ 8 x 3 = 27

43
5291 − 685 = 4606, 4606 ÷ 2 = 2303, 2303 − 1203 = 1100, 30% of 1100 = 330, 330 ÷ 10 x 9 = 297, 297 ÷ 9 x 5 = 165, 165 ÷ 15 x 11 = 121

44
341 x 2 = 682, 682 − 98 = 584, 75% of 584 = 438, 438 ÷ 2 = 219, 219 ÷ 3 = 73, 200% of 73 = 146, 146 − 52 = 94

45
1276 ÷ 4 = 319, 319 − 92 = 227, 227 x 2 = 454, 454 + 268 = 722, 722 ÷ 2 = 361, 361 − 129 = 232, 232 ÷ 8 x 3 = 87

46
23 x 11 = 253, 253 − 192 = 61, 61 x 4 = 244, 244 + 62 = 306, 306 ÷ 3 = 102, 102 ÷ 6 x 5 = 85, 85 + 97 = 182

47
304 + 403 = 707, 707 ÷ 7 x 4 = 404, 404 x 1.25 = 505, 505 + 72 = 577, 577 − 131 = 446, 446 ÷ 2 = 223, 223 x 4 = 892

48
942 ÷ 3 = 314, 314 + 6 = 320, 320 ÷ 8 x 3 = 120, 120 ÷ 5 x 2 = 48, 48 ÷ 6 = 8, 8 x 1.75 = 14, 14² = 196

49
138 + 58 = 196, square root of 196 = 14, 14 + 4 (14 ÷ 7 x 2) = 18, 18 x 5 = 90, 90 ÷ 10 x 3 = 27, cube root of 27 = 3, 3 x 49 = 147

50
51 ÷ 3 = 17, 17 + 67 = 84, 84 ÷ 7 x 3 = 36, 150% of 36 = 54, 54 ÷ 9 x 8 = 48, 48 x 7 = 336, 336 ÷ 3 = 112

51
58 ÷ 2 = 29, 29 + 87 = 116, 116 + 29 (25% of 116) = 145, 120% of 145 = 174, 174 x 2 = 348, 348 + 86 = 434, 434 ÷ 2 = 217

52
28 x 5 = 140, 140 ÷ 7 x 4 = 80, 80 x 2.25 = 180, 180 − 69 = 111, 111 ÷ 3 = 37, 37 + 155 = 192, 192 ÷ 8 x 5 = 120

53
12.5% of 64 = 8, 8 x 21 = 168, 168 ÷ 3 x 2 = 112, 75% of 112 = 84, 84 ÷ 7 = 12, 12 x 13 = 156, 156 ÷ 6 x 5 = 130

54
875 ÷ 7 = 125, 60% of 125 = 75, 75 x 13 = 975, 975 ÷ 5 = 195, 195 + 65 (195 ÷ 3) = 260, 260 ÷ 13 x 2 = 40, 450% of 40 = 180

55
156 ÷ 13 x 4 = 48, 48 x 3 = 144, 144 ÷ 9 = 16, 16² = 256, 256 ÷ 8 x 7 = 224, 224 ÷ 16 x 5 = 70, 90% of 70 = 63

56
29 x 3 = 87, 87 + 78 = 165, 165 ÷ 11 = 15, 15 + 25 = 40, 40 ÷ 10 x 3 = 12, 12 x 7 = 84, 84 ÷ 3 = 28

57
57 ÷ 3 = 19, 19 + 78 = 97, 97 x 2 = 194, 194 − 138 = 56, 56 ÷ 7 x 4 = 32, 300% of 32 = 96, 96 + 29 = 125

58
48 + 159 = 207, 207 ÷ 9 x 2 = 46, 46 x 2 = 92, 92 − 12 = 80, 25% of 80 = 20, 20² = 400, 75% of 400 = 300

59
48 + 249 = 297, 297 ÷ 9 = 33, 33 x 7 = 231, 231 ÷ 3 x 2 = 154, 154 x 2 = 308, 308 − 27 = 281, 281 x 3 = 843

60
101 − 27 = 74, 74 ÷ 2 = 37, 37 + 777 = 814, 814 ÷ 11 x 2 = 148, 148 x 3 = 444, 444 ÷ 3 x 2 = 296, 296 − 129 = 167

61
359 + 93 = 452, 452 ÷ 4 = 113, 113 − 87 = 26, 26 x 7 = 182, 182 + 56 = 238, 238 ÷ 2 = 119, 119 x 3 = 357

62
55 ÷ 11 x 4 = 20, 20 x 1.75 = 35, 35 ÷ 7 x 2 = 10, 400% of 10 = 40, 40 + 47 = 87, 87 ÷ 3 x 2 = 58, 58 ÷ 0.5 = 116

63
862 x 2 = 1724, 1724 − 1538 = 186, 186 + 62 (186 ÷ 3) = 248, 248 ÷ 8 x 5 = 155, 155 + 85 = 240, 240 − 24 (10% of 240) = 216, 216 ÷ 9 = 24

64
300% of 68 = 204, 204 − 66 = 138, 138 ÷ 3 = 46, 46 x 7 = 322, 322 + 79 = 401, 401 x 4 = 1604, 1604 − 1236 = 368

65
315 ÷ 15 x 4 = 84, 84 x 3 = 252, 252 ÷ 2 = 126, 126 ÷ 9 x 5 = 70, 350% of 70 = 245, 245 + 542 = 787, 787 − 396 = 391

66
99 ÷ 9 x 5 = 55, 55 ÷ 11 x 5 = 25, square root of 25 = 5, 5 + 1 = 6, 6 + 5 = 11, 11^2 = 121, 121 x 3 = 363

67
99 ÷ 11 x 2 = 18, 18^2 = 324, 324 ÷ 9 x 2 = 72, 72 ÷ 8 x 3 = 27, 27 x 4 = 108, 108 + 225 = 333, 333 ÷ 9 x 2 = 74

68
66 x 3 = 198, 198 ÷ 18 x 5 = 55, 55 ÷ 5 x 3 = 33, 33 x 7 = 231, 231 ÷ 3 x 2 = 154, 154 − 117 = 37, 37 x 8 = 296

69
127 + 43 = 170, 170 + 34 (20% of 170) = 204, 204 ÷ 4 = 51, 51 ÷ 3 = 17, 17 + 283 = 300, 31% of 300 = 93, 93 − 67 = 26

70
120 ÷ 10 x 7 = 84, 84 x 1.75 = 147, 147 ÷ 3 = 49, square root of 49 = 7, 7 x 15 = 105, 105 + 70 (105 ÷ 3 x 2) = 175, 175 ÷ 5 = 35

71
55 ÷ 11 x 3 = 15, 15^2 = 225, 225 ÷ 9 = 25, 25 ÷ 5 x 3 = 15, 15 x 9 = 135, 135 + 86 = 221, 221 x 6 = 1326

72
Cube root of 216 = 6, 6 x 18 = 108, 108 ÷ 9 x 4 = 48, 48 ÷ 8 x 3 = 18, 18 x 9 = 162, 162 ÷ 18 x 11 = 99, 99 + 283 = 382

73
1215 ÷ 5 = 243, 243 ÷ 27 = 9, 9 + 5 (9 ÷ 9 x 5) = 14, 14 ÷ 7 x 3 = 6, 6 + 4 (6 ÷ 3 x 2) = 10, 950% of 10 = 95, 95 + 36 = 131

74
99 ÷ 11 x 4 = 36, square root of 36 = 6, 6 x 8 = 48, 48 ÷ 4 = 12, 12 x 22 = 264, 264 ÷ 6 x 5 = 220, 220 ÷ 11 x 7 = 140

75
84 ÷ 7 x 6 = 72, 72 x 2 = 144, 144 − 29 = 115, 115 ÷ 5 = 23, 23 x 4 = 92, 92 + 29 = 121, 121 ÷ 11 x 5 = 55

76
66 + 22 (66 ÷ 3) = 88, 88 x 3 = 264, 264 − 87 = 177, 177 ÷ 3 x 2 = 118, 118 + 47 = 165, 165 ÷ 15 x 7 = 77, 77 ÷ 11 x 4 = 28

77
48 ÷ 4 = 12, 12 x 9 = 108, 108 + 76 = 184, 184 ÷ 2 = 92, 92 x 4 = 368, 368 − 229 = 139, 139 x 2 = 278

78
51 + 17 (51 ÷ 3) = 68, 68 ÷ 4 = 17, 17 x 11 = 187, 187 + 55 = 242, 242 ÷ 2 = 121, square root of 121 = 11, 11 x 17 = 187

79
55 x 11 = 605, 605 ÷ 5 = 121, square root of 121 = 11, 11 x 14 = 154, 154 ÷ 2 = 77, 77 + 22 (77 ÷ 7 x 2) = 99, 99 x 5 = 495

80
400% of 17 = 68, 68 + 89 = 157, 157 x 2 = 314, 314 − 127 = 187, 187 x 3 = 561, 561 + 48 = 609, 609 ÷ 3 x 2 = 406

81
563 + 298 = 861, 861 ÷ 3 x 2 = 574, 50% of 574 = 287, 287 − 125 = 162, 162 x 3 = 486, 486 ÷ 18 = 27, cube root of 27 = 3

82
19 + 27 = 46, 46 x 3 = 138, 138 + 831 = 969, 969 ÷ 3 x 2 = 646, 646 − 259 = 387, 387 ÷ 9 x 5 = 215, 215 + 66 = 281

83
309 + 103 (309 ÷ 3) = 412, 412 − 367 = 45, 45 ÷ 9 x 4 = 20, 650% of 20 = 130, 70% of 130 = 91, 91 x 2 = 182, 182 − 36 = 146

84
35 + 23 = 58, 58 x 2 = 116, 116 ÷ 4 x 3 = 87, 87 ÷ 3 = 29, 29 − 17 = 12, 12 x 15 = 180, 20% of 180 = 36

85
76 ÷ 19 x 3 = 12, 12 x 13 = 156, 156 ÷ 4 x 3 = 117, 117 ÷ 3 = 39, 500% of 39 = 195, 195 ÷ 3 = 65, 65 ÷ 13 x 2 = 10

86
34 ÷ 17 x 6 = 12, 12 + 89 = 101, 101 x 3 = 303, 303 − 79 = 224, 224 ÷ 8 x 5 = 140, 60% of 140 = 84, 84 ÷ 12 x 7 = 49

87
355 ÷ 5 = 71, 71 − 49 = 22, 22 x 11 = 242, 242 + 66 = 308, 308 x 2 = 616, 616 ÷ 8 x 5 = 385, 385 ÷ 11 x 5 = 175

88
501 − 180 = 321, 321 ÷ 3 x 2 = 214, 214 x 2 = 428, 428 + 321 (428 ÷ 4 x 3) = 749, 749 − 627 = 122, 122 + 178 = 300, 22% of 300 = 66

89
141 ÷ 3 x 2 = 94, 94 x 3 = 282, 282 + 96 = 378, 378 ÷ 2 = 189, 189 ÷ 21 x 20 = 180, 180 x 3.5 = 630, 630 ÷ 9 x 7 = 490

90
321 x 2 = 642, 642 ÷ 6 x 5 = 535, 535 x 3 = 1605, 1605 ÷ 15 = 107, 107 + 92 = 199, 199 x 2 = 398, 398 − 279 = 119

91
107 − 82 = 25, 25^2 = 625, 625 ÷ 5 x 4 = 500, 500 ÷ 10 x 9 = 450, 450 − 267 = 183, 183 ÷ 3 = 61, 61 x 8 = 488

92
41 x 3 = 123, 123 + 87 = 210, 210 ÷ 3 x 2 = 140, 140 ÷ 10 x 7 = 98, 98 ÷ 2 = 49, 49 ÷ 7 x 5 = 35, 35 x 5 = 175

93
456 ÷ 3 x 2 = 304, 304 ÷ 4 = 76, 76 x 1.5 = 114, 114 x 3 = 342, 342 ÷ 9 x 5 = 190, 190 − 19 = 171, 171 ÷ 19 x 2 = 18

94
57 x 2 = 114, 114 ÷ 3 x 2 = 76, 76 ÷ 4 = 19, 19 + 137 = 156, 156 + 104 (156 ÷ 3 x 2) = 260, 260 ÷ 10 x 7 = 182, 182 − 49 = 133

95
93 x 3 = 279, 279 ÷ 9 x 5 = 155, 155 − 47 = 108, 108 ÷ 12 x 7 = 63, 63 ÷ 7 = 9, 9 x 75 = 675, 675 + 97 = 772

96
35 + 53 = 88, 88 ÷ 8 x 5 = 55, 55 x 3 = 165, 165 ÷ 15 = 11, 300% of 11 = 33, 33 + 22 (33 ÷ 3 x 2) = 55, 55 ÷ 11 x 5 = 25

97
360 ÷ 12 = 30, 30 x 7 = 210, 90% of 210 = 189, 189 ÷ 3 = 63, 63 ÷ 9 x 5 = 35, 35 + 149 = 184, 184 ÷ 8 = 23

98
424 – 148 = 276, 276 ÷ 3 x 2 = 184, 184 x 3 = 552, 552 ÷ 4 x 3 = 414, 414 ÷ 9 x 8 = 368, 368 ÷ 2 = 184, 184 + 129 = 313

99
394 ÷ 2 = 197, 197 + 88 = 285, 285 ÷ 3 = 95, 120% of 95 = 114, 114 – 77 = 37, 37 x 2 = 74, 74 x 5 = 370

100
2222 ÷ 11 = 202, 150% of 202 = 303, 303 + 30 = 333, 333 ÷ 37 x 5 = 45, 45 ÷ 15 = 3, 3 ÷ 3 x 2 = 2, 2 x 86 = 172

101
57 + 75 = 132, 132 ÷ 6 x 5 = 110, 110 ÷ 10 x 3 = 33, 33 x 7 = 231, 231 ÷ 3 x 2 = 154, 154 x 2 = 308, 308 – 126 = 182

102
68 ÷ 17 x 9 = 36, 36 ÷ 9 x 8 = 32, 32 x 6 = 192, 192 ÷ 3 x 2 = 128, 128 ÷ 8 x 3 = 48, 48 + 8 (48 ÷ 6) = 56, 56 x 4 = 224

103
Square root of 324 = 18, 18 ÷ 9 x 5 = 10, 450% of 10 = 45, 45 ÷ 5 x 4 = 36, 36 x 4 = 144, 144 + 107 = 251, 251 x 2 = 502

104
32 x 5 = 160, 160 + 16 = 176, 176 ÷ 4 = 44, 44 ÷ 11 x 5 = 20, 20 x 4.5 = 90, 90 ÷ 5 = 18, 18 x 3 = 54

105
25% of 16 = 4, 4^3 = 64, 64 x 2 = 128, 128 ÷ 8 = 16, 16 + 12 (75% of 16) = 28, 28 ÷ 7 x 5 = 20, 550% of 20 = 110

106
88 ÷ 11 x 5 = 40, 55% of 40 = 22, 22 x 9 = 198, 198 ÷ 6 = 33, 33 x 11 = 363, 363 ÷ 3 x 2 = 242, 242 – 176 = 66

107
68 ÷ 17 x 11 = 44, 44 + 11 (25% of 44) = 55, 55 x 5 = 275, 275 – 127 = 148, 148 ÷ 4 x 3 = 111, 111 ÷ 37 x 3 = 9, 9^3 = 729

108
89 + 57 = 146, 146 – 29 = 117, 117 ÷ 9 x 5 = 65, 65 ÷ 5 x 4 = 52, 52 x 7 = 364, 364 x .75 = 273, 273 ÷ 3 = 91

109
32 ÷ 8 x 7 = 28, 125% of 28 = 35, 35 x 7 = 245, 245 + 27 = 272, 272 ÷ 4 = 68, 68 ÷ 4 = 17, 17 + 84 = 101

110
72 ÷ 9 x 5 = 40, 40^2 = 1600, 25% of 1600 = 400, 400 – 69 = 331, 331 x 2 = 662, 662 + 880 = 1542, 1542 ÷ 3 x 2 = 1028

111
444 ÷ 3 = 148, 148 + 81 = 229, 229 x 2 = 458, 458 – 169 = 289, 289 + 57 = 346, 346 ÷ 2 = 173, 173 – 36 = 137

112
595 ÷ 7 = 85, 85 + 168 = 253, 253 x 2 = 506, 506 – 125 = 381, 381 ÷ 3 x 2 = 254, 254 ÷ 2 = 127, 127 – 49 = 78

113
291 + 49 = 340, 20% of 340 = 68, 68 ÷ 4 = 17, 17 x 7 = 119, 119 x 2 = 238, 238 – 190 = 48, 48 + 32 = 80

114
33 x 6 = 198, 198 ÷ 3 x 2 = 132, 132 ÷ 6 x 5 = 110, 110 – 87 = 23, 23^2 = 529, 529 x 2 = 1058, 1058 – 777 = 281

115
1141 – 114 = 1027, 1027 x 2 = 2054, 2054 + 81 = 2135, 2135 ÷ 5 = 427, 427 – 66 = 361, 361 x 3 = 1083, 1083 + 241 = 1324

116
88 ÷ 11 x 4 = 32, 32 ÷ 8 x 5 = 20, 20 x 2.5 = 50, 50 + 273 = 323, 323 – 171 = 152, 152 ÷ 19 x 5 = 40, 85% of 40 = 34

117
885 ÷ 5 = 177, 177 ÷ 3 x 2 = 118, 250% of 118 = 295, 295 ÷ 5 = 59, 59 + 225 = 284, 284 + 213 (284 ÷ 4 x 3) = 497, 497 − 76 = 421

118
380 ÷ 19 x 2 = 40, 450% of 40 = 180, 180 ÷ 10 x 7 = 126, 126 ÷ 9 x 5 = 70, 70 − 39 = 31, 31 x 9 = 279, 279 ÷ 3 x 2 = 186

119
99 x 8 = 792, 792 ÷ 18 = 44, 44 ÷ 11 x 5 = 20, 20^2 = 400, 400 + 41 = 441, square root of 441 = 21, 21 ÷ 7 x 4 = 12

120
1035 − 828 = 207, 207 x 2 = 414, 414 ÷ 18 x 7 = 161, 161 + 89 = 250, 20% of 250 = 50, 50 ÷ 5 x 3 = 30, 30^2 = 900

121
59 + 17 = 76, 75% of 76 = 57, 57 x 2 = 114, 114 ÷ 6 x 5 = 95, 95 − 59 = 36, 36 + 292 = 328, 328 ÷ 8 x 5 = 205

122
77 x 2 = 154, 154 − 66 = 88, 88 ÷ 11 x 9 = 72, 72 ÷ 2 = 36, 36 ÷ 6 x 5 = 30, 30 x 12 = 360, 65% of 360 = 234

123
21 ÷ 7 x 3 = 9, 9 x 6 = 54, 54 ÷ 2 = 27, 27 x 7 = 189, 189 + 422 = 611, 611 x 2 = 1222, 1222 − 649 = 573

124
71 x 4 = 284, 284 + 482 = 766, 766 − 388 = 378, 378 ÷ 9 x 8 = 336, 336 ÷ 8 x 5 = 210, 40% of 210 = 84, 84 ÷ 12 = 7

125
73 − 37 = 36, square root of 36 = 6, 6 x 13 = 78, 78 ÷ 3 = 26, 26 ÷ 13 x 6 = 12, 12 + 10 (12 ÷ 6 x 5) = 22, 22 x 11 = 242

126
333 + 999 = 1332, 1332 ÷ 9 x 4 = 592, 592 ÷ 8 x 3 = 222, 222 ÷ 37 = 6, 6 x 15 = 90, 450% of 90 = 405, 405 − 89 = 316

127
22 ÷ 11 x 3 = 6, 6 x 9 = 54, 54 ÷ 2 = 27, 27 ÷ 9 x 5 = 15, 15^2 = 225, 225 ÷ 9 x 5 = 125, 125 ÷ 5 x 2 = 50

128
32 ÷ 8 x 5 = 20, 80% of 20 = 16, 16 x 5 = 80, 80 + 72 = 152, 152 ÷ 19 x 2 = 16, 16 x 7 = 112, 112 ÷ 8 = 14

129
390 ÷ 10 x 7 = 273, 273 ÷ 3 x 2 = 182, 182 x 2 = 364, 75% of 364 = 273, 273 − 87 = 186, 186 ÷ 6 = 31, 31 x 12 = 372

130
424 − 128 = 296, 296 ÷ 2 = 148, 148 ÷ 4 = 37, 37 x 7 = 259, 259 + 955 = 1214, 1214 x 2 = 2428, 2428 − 1957 = 471

131
92 ÷ 4 = 23, 23 x 7 = 161, 161 + 82 = 243, 243 ÷ 9 x 5 = 135, 135 − 59 = 76, 76 + 57 (76 ÷ 4 x 3) = 133, 133 − 85 = 48

132
91 x 4 = 364, 364 − 95 = 269, 269 x 2 = 538, 538 + 69 = 607, 607 x 3 = 1821, 1821 − 1223 = 598, 598 ÷ 2 = 299

133
13 x 9 = 117, 117 + 414 = 531, 531 ÷ 9 x 5 = 295, 295 ÷ 5 = 59, 59 + 63 = 122, 122 x 5 = 610, 610 ÷ 10 x 9 = 549

134
456 + 654 = 1110, 1110 ÷ 2 = 555, 555 ÷ 15 = 37, 37 x 9 = 333, 333 + 111 (333 ÷ 3) = 444, 444 ÷ 3 = 148, 148 ÷ 4 = 37

135
69 x 2 = 138, 138 ÷ 3 x 2 = 92, 92 ÷ 4 = 23, 23 + 137 = 160, 160 ÷ 5 x 2 = 64, square root of 64 = 8, cube root of 8 = 2

136

89 + 115 = 204, 204 ÷ 17 x 5 = 60, 80% of 60 = 48, 48 ÷ 8 = 6, 6 x 18 = 108, 108 ÷ 9 x 2 = 24, 24 ÷ 8 x 5 = 15

137

27 x 3 = 81, 81 – 56 = 25, 80% of 25 = 20, 850% of 20 = 170, 170 ÷ 10 x 7 = 119, 119 x 2 = 238, 238 + 823 = 1061

138

2468 ÷ 4 = 617, 617 – 484 = 133, 133 x 4 = 532, 532 ÷ 2 = 266, 266 + 626 = 892, 892 ÷ 4 = 223, 223 + 919 = 1142

139

326 ÷ 2 = 163, 163 + 128 = 291, 291 x 2 = 582, 582 + 194 (582 ÷ 3) = 776, 776 ÷ 8 = 97, 97 x 4 = 388, 388 – 297 = 91

140

90 x 1.5 = 135, 135 ÷ 15 x 4 = 36, square root of 36 = 6, 6 + 8 = 14, 14 + 49 = 63, 63 – 47 = 16, 16 x 2.5 = 40

141

26 ÷ 13 x 5 = 10, 10 x 11 = 110, 110 – 69 = 41, 41 x 7 = 287, 287 + 124 = 411, 411 ÷ 3 x 2 = 274, 274 ÷ 2 = 137

142

59 x 3 = 177, 177 – 114 = 63, 63 + 21 (63 ÷ 3) = 84, 84 ÷ 12 x 5 = 35, 35 ÷ 7 x 3 = 15, 15 x 13 = 195, 195 + 85 = 280

143

588 ÷ 3 x 2 = 392, 392 x 2 = 784, 784 – 57 = 727, 727 + 629 = 1356, 1356 ÷ 3 = 452, 452 + 88 = 540, 80% of 540 = 432

144

75 x 9 = 675, 20% of 675 = 135, 135 ÷ 9 = 15, 15 x 12 = 180, 180 – 55 = 125, 40% of 125 = 50, 350% of 50 = 175

145

680 + 68 (10% of 680) = 748, 748 ÷ 2 = 374, 374 – 125 = 249, 249 ÷ 3 = 83, 83 x 6 = 498, 498 + 68 = 566, 300% of 566 = 1698

146

69 ÷ 23 x 4 = 12, 250% of 12 = 30, 110% of 30 = 33, 33 x 12 = 396, 396 ÷ 18 = 22, 22 + 179 = 201, 201 – 63 = 138

147

686 ÷ 7 = 98, 98 ÷ 2 = 49, 49 ÷ 7 x 2 = 14, 14 x 13 = 182, 182 – 66 = 116, 116 ÷ 4 = 29, 29 x 3 = 87

148

42 + 19 = 61, 61 x 9 = 549, 549 ÷ 3 x 2 = 366, 366 ÷ 3 = 122, 122 + 11 = 133, 133 ÷ 7 x 4 = 76, 76 x 4 = 304

149

6240 ÷ 10 x 3 = 1872, 1872 ÷ 9 = 208, 208 x 4 = 832, 832 ÷ 8 x 3 = 312, 312 + 64 = 376, 376 – 109 = 267, 267 ÷ 3 x 2 = 178

150

1947 x 2 = 3894, 3894 – 1821 = 2073, 2073 ÷ 3 = 691, 691 + 104 = 795, 795 ÷ 15 = 53, 53 x 4 = 212, 212 – 79 = 133

151

108 ÷ 12 = 9, 9 x 7 = 63, 63 ÷ 9 x 5 = 35, 40% of 35 = 14, 14 + 92 = 106, 150% of 106 = 159, 159 – 84 = 75

152

29 – 14 = 15, 15^2 = 225, 225 ÷ 3 = 75, 75 + 50 (75 ÷ 3 x 2) = 125, 125 ÷ 5 x 4 = 100, 67% of 100 = 67, 67 + 88 = 155

153

340 ÷ 17 = 20, 20 x 2.5 = 50, 50^2 = 2500, 20% of 2500 = 500, 15% of 500 = 75, 75 x 9 = 675, 675 ÷ 3 x 2 = 450

154

929 x 2 = 1858, 1858 – 1376 = 482, 482 ÷ 2 = 241, 241 + 89 = 330, 330 ÷ 11 x 7 = 210, 210 ÷ 3 = 70, 40% of 70 = 28

155
312 + 95 = 407, 407 x 6 = 2442, 2442 + 4070 = 6512, 6512 x 3 = 19536, 19536 ÷ 12 x 5 = 8140, 8140 ÷ 5 x 3 = 4884, 4884 − 3997 = 887

156
22^2 = 484, 484 x 4 = 1936, 1936 ÷ 16 x 5 = 605, 605 ÷ 0.25 = 2420, 2420 − 987 = 1433, 1433 x 2 = 2866, 2866 + 777 = 3643

157
38 x 16 = 608, 608 ÷ 8 x 3 = 228, 228 ÷ 19 x 5 = 60, 60 + 45% = 87, 87 + 58 (87 ÷ 3 x 2) = 145, 145 ÷ 29 x 27 = 135, 135 ÷ 15 x 11 = 99

158
97 x 3 = 291, 291 + 857 = 1148, 1148 x 2 = 2296, 2296 x 0.375 = 861, 861 + 228 = 1089, square root of 1089 = 33, 33 x 111 = 3663

159
43 x 7 = 301, 301 + 199 = 500, 69% of 500 = 345, 345 ÷ 15 x 9 = 207, 207 ÷ 23 x 17 = 153, 153 ÷ 9 x 4 = 68, 68 x 7 = 476

160
366 x 5 = 1830, 1830 ÷ 3 x 2 = 1220, 1220 − 366 (1220 ÷ 10 x 3) = 854, 854 − 687 = 167, 167 x 3 = 501, 501 + 835 = 1336, 1336 ÷ 8 x 5 = 835

161
149 x 5 = 745, 40% of 745 = 298, 298 + 2 = 300, 58% of 300 = 174, 174 + 58 (174 ÷ 3) = 232, 232 ÷ 8 x 5 = 145, 145 ÷ 5 x 4 = 116

162
332 x 4 = 1328, 1328 − 415 (1328 ÷ 16 x 5) = 913, 913 − 586 = 327, 327 ÷ 3 x 2 = 218, 218 + 694 = 912, 912 ÷ 8 x 5 = 570, 570 ÷ 19 x 17 = 510

163
285 ÷ 19 x 15 = 225, square root of 225 = 15, 15 ÷ 0.75 = 20, 20 x 23 = 460, 460 + 92 (20% of 460) = 552, 552 + 184 (552 ÷ 3) = 736, 736 x 0.875 = 644

164
578 ÷ 2 = 289, square root of 289 = 17, 17 + 68 = 85, 80% of 85 = 68, 68 x 1.75 = 119, 119 x 2 = 238, 238 − 109 = 129

165
256 ÷ 0.5 = 512, cube root of 512 = 8, 8 x 1.75 = 14, 14 x 2.5 = 35, 35^2 = 1225, 1225 ÷ 49 x 6 = 150, 68% of 150 = 102

166
1135 + 681 (1135 ÷ 5 x 3) = 1816, 1816 − 681 (1816 ÷ 8 x 3) = 1135, 1135 ÷ 5 = 227, 227 ÷ 0.25 = 908, 908 + 685 = 1593, 1593 ÷ 9 x 5 = 885, 885 ÷ 15 x 11 = 649

167
11 x 33 = 363, 363 − 121 (363 ÷ 3) = 242, 242 x 9 = 2178, 2178 ÷ 18 x 11 = 1331, 1331 + 11 (cube root of 1331) = 1342, 1342 ÷ 2 = 671, 671 x 4 = 2684

168
575 ÷ 23 x 3 = 75. 75^2 = 5625, 5625 ÷ 625 = 9, 9 x 83 = 747, 747 x 4 = 2988, 2988 ÷ 18 x 5 = 830, 830 − 581 (830 ÷ 10 x 7) = 249

169
72^2 = 5184, 5184 ÷ 9 = 576, 576 ÷ 8 x 5 = 360, 360 x 7 = 2520, 2520 ÷ 40 x 7 = 441, 441 ÷ 9 x 5 = 245, 245 − 76 = 169

170
228 ÷ 12 x 9 = 171, 171 ÷ 9 x 5 = 95, 95 ÷ 19 x 6 = 30, 30^2 = 900, 27% of 900 = 243, 243 x 2 = 486, 486 ÷ 27 x 5 = 90

171
7 to the power of 4 = 2401, 2401 − 701 = 1700, 29% of 1700 = 493, 493 x 2 = 986, 986 + 292 = 1278, 1278 ÷ 18 x 7 = 497, 497 − 147 = 350

172

89 x 3 = 267, 267 ÷ 0.3 = 890, 890 + 60% = 1424, 1424 ÷ 8 x 3 = 534, 534 + 266 = 800, 19% of 800 = 152, 152 ÷ 19 x 5 = 40

173

33 x 25 = 825, 825 ÷ 3 x 2 = 550, 550 ÷ 11 x 9 = 450, 28% of 450 = 126, 126 ÷ 14 x 5 = 45, 45 + 89 = 134, 134 ÷ 0.25 = 536

174

13 x 24 = 312, 312 ÷ 12 x 5 = 130, 130 + 117 (130 ÷ 10 x 9) = 247, 247 ÷ 13 x 6 = 114, 114 + 76 (114 ÷ 3 x 2) = 190, 190 x 4 = 760, 760 ÷ 8 x 3 = 285

175

26^3 = 17576, 17576 ÷ 8 x 3 = 6591, 6591 + 4394 (6591 ÷ 3 x 2) = 10985, 60% of 10985 = 6591, 6591 − 4607 = 1984, 1984 ÷ 16 x 5 = 620, 620 ÷ 5 x 3 = 372

176

3 to the power of 4 = 81, 81 x 5 = 405, 405 + 270 (405 ÷ 3 x 2) = 675, 675 + 375 (675 ÷ 9 x 5) = 1050, 1050 + 39 = 1089, square root of 1089 = 33, 33 x 15 = 495

177

702 ÷ 39 x 7 = 126, 126 + 224 = 350, 350 ÷ 10 x 7 = 245, 245 ÷ 5 x 3 = 147, 147 ÷ 3 x 2 = 98, 98 x 7 = 686, 686 x 2.5 = 1715

178

67 + 28 = 95, 95 ÷ 19 x 8 = 40, 90% of 40 = 36, 36 + 6 (square root of 36) = 42, 900% of 42 = 378, 378 ÷ 18 x 7 = 147, 147 + 98 (147 ÷ 3 x 2) = 245

179

276 x 8 = 2208, 2208 ÷ 23 x 19 = 1824, 1824 − 342 (1824 ÷ 16 x 3) = 1482, 1482 + 988 (1482 ÷ 3 x 2) = 2470, 70% of 2470 = 1729, 1729 − 835 = 894, 894 ÷ 2 = 447

180

166 x 4 = 664, 664 ÷ 8 x 7 = 581, 581 − 494 = 87, 87 + 58 (87 ÷ 3 x 2) = 145, 145 + 116 (145 ÷ 5 x 4) = 261, 261 x 4 = 1044, 1044 ÷ 6 x 5 = 870

181

46 x 7.5 = 345, 345 ÷ 15 x 13 = 299, 299 + 519 = 818, 818 x 2 = 1636, 1636 − 409 (25% of 1636) = 1227, 1227 − 989 = 238, 238 x 9 = 2142

182

38 x 22 = 836, 836 − 212 = 624, 624 ÷ 4 x 3 = 468, 468 ÷ 6 = 78, 350% of 78 = 273, 273 ÷ 13 x 5 = 105, 105 ÷ 21 x 5 = 25

183

292 + 219 (292 ÷ 4 x 3) = 511, 511 x 9 = 4599, 4599 x 2 = 9198, 9198 ÷ 18 x 7 = 3577, 3577 − 698 = 2879, 2879 − 1993 = 886, 886 x 5 = 4430

184

36 + 20 (36 ÷ 9 x 5) = 56, 56 x 1.375 = 77, 77 x 7 = 539, 539 − 33 = 506, 506 ÷ 22 x 19 = 437, 437 − 91 = 346, 346 x 2.5 = 865

185

62 ÷ 0.5 = 124, 124 x 8 = 992, 992 ÷ 16 x 11 = 682, 682 x 3 = 2046, 2046 ÷ 6 x 5 = 1705, 80% of 1705 = 1364, 1364 x 0.25 = 341

186

672 + 560 (672 ÷ 6 x 5) = 1232, 1232 x 0.625 = 770, 770 + 231 (770 ÷ 10 x 3) = 1001, 1001 x 22 = 22022, 22022 − 11011 (50% of 22022) = 11011, 11011 − 6894 = 4117, 4117 x 3 = 12351

187

59 x 4 = 236, 236 + 177 (236 ÷ 4 x 3) = 413, 413 − 78 = 335, 335 x 0.2 = 67, 67 + 233 = 300, 61% of 300 = 183, 183 + 122 (183 ÷ 3 x 2) = 305

188

129 ÷ 3 x 2 = 86, 86 x 13 = 1118, 1118 x 2 = 2236, 2236 − 559 (25% of 2236) = 1677, 1677 − 949 = 728, 728 ÷ 14 x 5 = 260, 260 − 104 (260 ÷ 5 x 2) = 156

189

39 x 14 = 546, 546 x 2 = 1092, 1092 ÷ 13 x 5 = 420, 420 + 160 (420 ÷ 21 x 8) = 580, 580 ÷ 29 x 13 = 260, 260 − 78 (260 ÷ 10 x 3) = 182, 182 ÷ 0.2 = 910

190

387 ÷ 9 x 5 = 215, 215 ÷ 5 x 4 = 172, 172 − 129 (172 ÷ 4 x 3) = 43, 43 x 8 = 344, 344 + 301 (344 ÷ 8 x 7) = 645, 645 ÷ 5 x 3 = 387, 387 ÷ 9 x 7 = 301

191

15 x 75 = 1125, 1125 ÷ 3 x 2 = 750, 750 ÷ 25 = 30, 30 x 2.6 = 78, 78 + 26 (78 ÷ 3) = 104, 37.5% of 104 = 39, 39 + 26 (39 ÷ 3 x 2) = 65

192

44 ÷ 11 x 7 = 28, 28 ÷ 7 x 5 = 20, 20 + 60% = 32, 32^2 = 1024, 1024 ÷ 16 x 5 = 320, 320 ÷ 4 = 80, 80 ÷ 1.25 = 64

193

599 ÷ 0.25 = 2396, 2396 x 2 = 4792, 375% of 4792 = 17970, 17970 ÷ 10 x 3 = 5391, 5391 − 2995 (5391 ÷ 9 x 5) = 2396, 2396 x 0.75 = 1797, 1797 − 878 = 919

194

238 ÷ 14 x 5 = 85, 240% of 85 = 204, 204 ÷ 6 x 5 = 170, 170 ÷ 10 x 9 = 153, 153 ÷ 9 x 7 = 119, 119 x 4 = 476, 476 + 787 = 1263

195

62 x 9 = 558, 558 ÷ 6 x 5 = 465, 465 ÷ 15 x 8 = 248, 248 ÷ 8 x 5 = 155, 155 + 124 (155 ÷ 5 x 4) = 279, 279 + 62 (279 ÷ 9 x 2) = 341, 341 − 192 = 149

196

338 x 7 = 2366, 2366 ÷ 14 x 9 = 1521, 1521 ÷ 9 x 2 = 338, 338 x 3.5 = 1183, 1183 ÷ 7 x 2 = 338, 338 x 8 = 2704, 2704 ÷ 16 x 13 = 2197

197

240 ÷ 40 x 9 = 54, 54 x 7 = 378, 378 ÷ 18 x 11 = 231, 231 ÷ 1.5 = 154, 154 x 5 = 770, 770 x 1.6 = 1232, 1232 + 2321 = 3553

198

234 ÷ 13 x 10 = 180, 180 − 169 (square of 13) = 11, 11^2 = 121, 121 + 683 = 804, 804 ÷ 0.4 = 2010, 2010 ÷ 67 x 2 = 60, 60 ÷ 1.25 = 48

199

583 − 77 = 506, 506 ÷ 11 x 4 = 184, 184 x 0.625 = 115, 115 x 0.4 = 46, 46 x 13 = 598, 598 x 2 = 1196, 1196 − 555 = 641

200

631 x 5 = 3155, 3155 + 60% = 5048, 5048 ÷ 2 = 2524, 2524 x 3.75 = 9465, 9465 ÷ 15 x 6 = 3786, 3786 + 214 = 4000, 73% of 4000 = 2920

201

77 ÷ 11 x 7 = 49, 49 − 28 (49 ÷ 7 x 4) = 21, 21^3 = 9261, 9261 ÷ 9 = 1029, 1029 ÷ 3 x 2 = 686, 686 x 2 = 1372, 1372 x 7 = 9604

202

72 ÷ 12 x 7 = 42, 300% of 42 = 126, 126 ÷ 14 x 11 = 99, 99 ÷ 0.3 = 330, 330 ÷ 11 x 10 = 300, 94% of 300 = 282, 282 ÷ 3 x 2 = 188

203

52 x 3 = 156, 156 x 1.25 = 195, 195 ÷ 13 x 7 = 105, 105 ÷ 7 x 5 = 75, 75 x 13 = 975, 975 ÷ 39 x 28 = 700, 39% of 700 = 273

204

52 ÷ 13 x 7 = 28, 28 x 9 = 252, 252 ÷ 6 = 42, 42^2 = 1764, 1764 − 1323 (1764 ÷ 4 x 3) = 441, 441 ÷ 9 x 5 = 245, 245 + 147 (60% of 245) = 392

205

571 x 2 = 1142, 1142 + 691 = 1833, 1833 ÷ 3 x 2 = 1222, 1222 ÷ 2 = 611, 611 − 447 = 164, 275% of 164 = 451, 451 x 7 = 3157

206

729 x 8 = 5832, cube root of 5832 = 18, 18 + 28 = 46, 46 x 7 = 322, 322 + 92 (322 ÷ 7 x 2) = 414, 414 ÷ 18 x 5 = 115, 240% of 115 = 276

207

996 ÷ 4 = 249, 249 ÷ 3 x 2 = 166, 166 − 98 = 68, 68 ÷ 0.8 = 85, 85 ÷ 17 x 14 = 70, 70 ÷ 0.7 = 100, 100^3 = 1000000

208

59 x 6 = 354, 354 + 236 (354 ÷ 3 x 2) = 590, 590 ÷ 10 x 3 = 177, 177 ÷ 3 x 2 = 118, 118 x 4 = 472, 472 − 319 = 153, 153 + 119 (153 ÷ 9 x 7) = 272

209

884 ÷ 17 x 3 = 156, 156 + 395 = 551, 551 ÷ 19 x 3 = 87, 87 + 58 (87 ÷ 3 x 2) = 145, 145 ÷ 29 x 5 = 25, 25 + 44 = 69, 69 ÷ 23 x 14 = 42

210

247 ÷ 13 x 3 = 57, 57 ÷ 19 x 5 = 15, 15 x 35 = 525, 525 ÷ 21 x 5 = 125, cube root of 125 = 5, 5 x 1.4 = 7, 7 x 45 = 315

211

892 x 2.5 = 2230, 70% of 2230 = 1561, 1561 + 269 = 1830, 1830 ÷ 15 x 4 = 488, 488 + 427 (488 ÷ 8 x 7) = 915, 915 − 549 (915 ÷ 5 x 3) = 366, 366 x 7 = 2562

212

203 ÷ 29 x 5 = 35, 120% of 35 = 42, 42 ÷ 7 x 3 = 18, 18^2 = 324, 324 + 276 = 600, 32% of 600 = 192, 192 + 128 (192 ÷ 3 x 2) = 320

213

61 ÷ 0.5 = 122, 122 x 12 = 1464, 1464 ÷ 0.6 = 2440, 2440 ÷ 8 x 3 = 915, 915 + 244 (915 ÷ 15 x 4) = 1159, 1159 x 2 = 2318, 2318 − 978 = 1340

214

425 ÷ 17 x 11 = 275, 275 ÷ 11 x 5 = 125, 125 x 0.4 = 50, 320% of 50 = 160, 160 ÷ 32 x 23 = 115, 115 ÷ 23 x 18 = 90, 90 ÷ 0.3 = 300

215

468 x 2 = 936, 936 ÷ 24 = 39, 39 x 11 = 429, 429 ÷ 3 = 143, 143 x 6 = 858, 858 + 1144 = 2002, 2002 ÷ 11 x 7 = 1274

216

572 x 2 = 1144, 1144 − 143 (1144 x 0.125) = 1001, 1001 x 11 = 11011, 11011 − 7477 = 3534, 3534 ÷ 2 = 1767, 1767 ÷ 3 x 2 = 1178, 1178 ÷ 19 x 5 = 310

217

14^2 = 196, 196 x 2 = 392, 392 ÷ 8 x 3 = 147, 147 ÷ 49 x 5 = 15, 15 x 12 = 180, 180 x 0.45 = 81, square root of 81 = 9

218

293 + 739 = 1032, 1032 − 645 (1032 ÷ 8 x 5) = 387, 387 ÷ 9 x 2 = 86, 86 x 7 = 602, 602 ÷ 14 x 5 = 215, 215 + 129 (215 ÷ 5 x 3) = 344, 275% of 344 = 946

219

133 x 6 = 798, 798 ÷ 19 x 5 = 210, 210 + 140 (210 ÷ 3 x 2) = 350, 350 + 210 (60% of 350) = 560, 560 − 84 (15% of 560) = 476, 476 ÷ 2 = 238, 238 x 11 = 2618

220

24^2 = 576, 576 ÷ 12 x 3 = 144, square root of 144 = 12, 12 x 1.25 = 15, 15 x 25 = 375, 375 ÷ 15 x 4 = 100, 100 ÷ 0.4 = 250

221

47 x 9 = 423, 423 − 219 = 204, 275% of 204 = 561, 561 ÷ 3 x 2 = 374, 374 x 6 = 2244, 2244 − 374 (2244 ÷ 6) = 1870, 1870 ÷ 10 x 3 = 561

222

24 ÷ 0.25 = 96, 96 ÷ 12 x 7 = 56, 56 x 1.875 = 105, 105 ÷ 21 x 19 = 95, 95 ÷ 19 x 7 = 35, 35 + 25 (35 ÷ 7 x 5) = 60, 60 ÷ 1.25 = 48

223
257 + 752 = 1009, 1009 − 638 = 371, 371 ÷ 7 x 5 = 265, 265 + 159 (265 ÷ 5 x 3) = 424, 424 + 318 (424 ÷ 4 x 3) = 742, 742 x 4 = 2968, 2968 ÷ 8 x 3 = 1113

224
19 x 15 = 285, 285 x 3 = 855, 855 ÷ 19 x 5 = 225, 225 x 14 = 3150, 70% of 3150 = 2205, 2205 ÷ 5 x 3 = 1323, 1323 ÷ 9 x 7 = 1029

225
161 ÷ 7 x 4 = 92, 92 + 749 = 841, 841 x 3 = 2523, 2523 + 1682 (2523 ÷ 3 x 2) = 4205, 4205 ÷ 5 = 841, 841 + 92 = 933, 933 − 719 = 214

226
171 ÷ 9 = 19, 19^2 = 361, 361 − 59 = 302, 302 x 2.5 = 755, 7 x 5 x 5 = 175, 175 ÷ 7 x 3 = 75, 75 ÷ 0.75 = 100

227
576 x 0.75 = 432, 432 + 64 = 496, 496 + 4 (cube root of 64) = 500, 71% of 500 = 355, 355 − 15 = 340, 340 ÷ 17 x 3 = 60, 60 ÷ 12 x 7 = 35

228
195 ÷ 13 x 7 = 105, 105 + 84 (105 ÷ 5 x 4) = 189, 189 ÷ 7 x 2 = 54, 54 − 9 (54 ÷ 6) = 45, 45 x 11 = 495, 495 ÷ 5 x 3 = 297, 297 + 792 = 1089

229
207 x 6 = 1242, 1242 ÷ 23 x 17 = 918, 918 ÷ 18 x 7 = 357, 357 + 238 (357 ÷ 3 x 2) = 595, 595 ÷ 5 x 4 = 476, 476 ÷ 1.75 = 272, 272 x 9 = 2448

230
342 x 4 = 1368, 1368 ÷ 8 x 5 = 855, 855 + 228 (855 ÷ 15 x 4) = 1083, 1083 ÷ 3 x 2 = 722, 722 x 8 = 5776, 5776 ÷ 16 x 9 = 3249, 3249 ÷ 9 x 2 = 722

231
91 x 11 = 1001, 1001 − 869 = 132, 132 ÷ 6 x 5 = 110, 110 + 33 (30% of 110) = 143, 143 ÷ 0.25 = 572, 572 + 38 = 610, 80% of 610 = 488

232
572 ÷ 11 x 7 = 364, 364 ÷ 52 x 9 = 63, 63 ÷ 9 x 5 = 35, 35^2 = 1225, 60% of 1225 = 735, 735 ÷ 15 x 4 = 196, square root of 196 = 14

233
841 + 29 (square root of 841) = 870, 870 ÷ 1.25 = 696, 696 x 3 = 2088, 2088 − 1740 (2088 ÷ 6 x 5) = 348, 348 ÷ 29 x 9 = 108, 108 + 60 (108 ÷ 9 x 5) = 168, 168 + 224 = 392

234
286 ÷ 22 x 19 = 247, 247 x 11 = 2717, 2717 x 2 = 5434, 5434 − 4945 = 489, 489 + 815 = 1304, 1304 ÷ 8 x 5 = 815, 815 − 652 (815 ÷ 5 x 4) = 163

235
997 x 3 = 2991, 2991 + 509 = 3500, 32% of 3500 = 1120, 60% of 1120 = 672, 672 ÷ 3 x 2 = 448, 448 ÷ 16 x 5 = 140, 140 x 1.75 = 245

236
357 + 753 = 1110, 1110 ÷ 10 x 7 = 777, 777 + 518 (777 ÷ 3 x 2) = 1295, 1295 ÷ 5 = 259, 259 − 193 = 66, 66 + 86 = 152, 152 ÷ 19 x 17 = 136

237
72 x 18 = 1296, 1296 ÷ 8 x 3 = 486, 486 ÷ 18 x 7 = 189, 189 + 83 = 272, 272 ÷ 17 x 14 = 224, 12.5% of 224 = 28, 28 ÷ 0.2 = 140

238
476 ÷ 28 = 17, 17^2 = 289, 289 x 3 = 867, 867 − 292 = 575, 575 ÷ 23 x 19 = 475, 475 ÷ 0.76 = 625, 625 ÷ 125 = 5

239

84 ÷ 7 x 5 = 60, 60² = 3600, 3600 ÷ 18 x 7 = 1400, 1400 − 578 = 822, 822 + 1096 = 1918, 1918 ÷ 2 = 959, 959 + 697 = 1656

240

324 x 6 = 1944, 1944 ÷ 18 x 7 = 756, 756 ÷ 18 = 42, 42 + 12 (42 ÷ 7 x 2) = 54, 54 + 21 (54 ÷ 18 x 7) = 75, 75 x 13 = 975, 20% of 975 = 195

241

657 ÷ 9 x 5 = 365, 365 x 4 = 1460, 1460 + 1314 (90% of 1460) = 2774, 2774 − 397 = 2377, 2377 x 2 = 4754, 4754 x 2.5 = 11885, 11885 ÷ 5 x 4 = 9508

242

125% of 968 = 1210, 1210 − 869 = 341, 341 + 4572 = 4913, cube root of 4913 = 17, 17 x 8 = 136, 136 ÷ 34 x 7 = 28, 28 ÷ 14 x 9 = 18

243

29³ = 24389, 24389 − 15497 = 8892, 8892 ÷ 4 x 3 = 6669, 6669 ÷ 9 x 5 = 3705, 3705 ÷ 15 x 7 = 1729, 1729 x 2 = 3458, 3458 − 2569 = 889

244

87.5% of 720 = 630, 630 ÷ 18 x 7 = 245, 245 x 2 = 490, 490 ÷ 14 x 9 = 315, 180% of 315 = 567, 567 ÷ 3 = 189, 189 + 105 (189 ÷ 9 x 5) = 294

245

74 x 8 = 592, 592 ÷ 16 x 11 = 407, 407 + 704 = 1111, 1111 − 777 = 334, 334 x 8 = 2672, 2672 ÷ 16 x 3 = 501, 501 + 835 = 1336

246

23² = 529, 529 + 633 = 1162, 1162 ÷ 0.25 = 4648, 4648 − 1743 (4648 ÷ 8 x 3) = 2905, 2905 x 3 = 8715, 8715 ÷ 15 x 4 = 2324, 2324 ÷ 2 = 1162

247

5 x 5 x 9 = 225, square root of 225 = 15, 15 x 39 = 585, 585 + 260 (585 ÷ 9 x 4) = 845, 845 ÷ 5 = 169, 169 − 77 = 92, 92 x 3.75 = 345

248

406 ÷ 29 x 21 = 294, 294 ÷ 14 x 9 = 189, 189 ÷ 9 x 4 = 84, 84 x 12 = 1008, 1008 ÷ 18 x 7 = 392, 392 ÷ 0.25 = 1568, 1568 ÷ 32 = 49

249

142857 x 2 = 285714, 285714 ÷ 37 x 3 = 23166, 23166 ÷ 11 x 5 = 10530, 10530 ÷ 10 x 7 = 7371, 7371 ÷ 9 x 5 = 4095, 60% of 4095 = 2457, 2457 ÷ 9 x 5 = 1365

250

22² = 484, 484 x 1.25 = 605, 40% of 605 = 242, 242 + 254 = 496, 496 x .375 = 186, 186 + 62 (186 ÷ 3) = 248, 248 ÷ 8 x 5 = 155

251

92 ÷ 23 x 17 = 68, 68 ÷ 17 x 4 = 16, 16² = 256, 256 x 0.375 = 96, 96 ÷ 16 x 3 = 18, 18² = 324, 324 ÷ 36 x 23 = 207

252

37³ = 50653, 50653 − 6298 = 44355, 44355 ÷ 15 x 8 = 23656, 23656 x 0.875 = 20699, 20699 x 2 = 41398, 41398 + 974 = 42372, 42372 ÷ 36 = 1177

253

117 ÷ 9 x 5 = 65, 65 ÷ 13 x 8 = 40, 40 ÷ 2.5 = 16, 16² = 256, 256 + 160 (256 x 0.625) = 416, 416 ÷ 16 x 5 = 130, 130 − 91 (130 ÷ 10 x 7) = 39

254

1997 + 666 = 2663, 2663 x 2 = 5326, 5326 − 958 = 4368, 4368 ÷ 3 x 2 = 2912, 2912 ÷ 16 x 5 = 910, 910 ÷ 5 x 3 = 546, 546 − 364 (546 ÷ 3 x 2) = 182

255

65 ÷ 13 x 7 = 35, 60% of 35 = 21, 21² = 441, 441 ÷ 9 x 4 = 196, 196 x 1.25 = 245, 40% of 245 = 98, 98 x 7 = 686

256

Square root of 1369 = 37, 37 x 11 = 407, 407 + 2047 = 2454, 2454 ÷ 2 = 1227, 1227 + 818 (1227 ÷ 3 x 2) = 2045, 2045 ÷ 5 x 3 = 1227, 1227 ÷ 3 = 409

257

Cube root of 50653 = 37, 37 x 111 = 4107, 4107 ÷ 3 = 1369, 1369 − 987 = 382, 382 x 4 = 1528, 1528 − 573 (1528 x 0.375) = 955, 60% of 955 = 573

258

76² = 5776, 5776 ÷ 8 x 5 = 3610, 3610 ÷ 10 x 7 = 2527, 2527 ÷ 7 x 2 = 722, 722 + 82 = 804, 804 ÷ 4 x 3 = 603, 603 ÷ 9 x 7 = 469

259

588 x 2 = 1176, 1176 ÷ 8 x 5 = 735, 735 ÷ 15 x 11 = 539, 539 x 2 = 1078, 1078 − 929 = 149, 149 x 7 = 1043, 1043 + 528 = 1571

260

361 x 4 = 1444, square root of 1444 = 38, 38 + 14 (38 ÷ 19 x 7) = 52, 52 x 9 = 468, 468 ÷ 18 x 11 = 286, 286 − 197 = 89, 89² = 7921

261

156 + 35 = 191, 191 x 3 = 573, 573 + 382 (573 ÷ 3 x 2) = 955, 955 − 151 = 804, 804 + 536 (804 ÷ 3 x 2) = 1340, 1340 ÷ 20 x 7 = 469, 469 ÷ 7 x 4 = 268

262

1017 ÷ 3 = 339, 339 ÷ 3 x 2 = 226, 226 + 124 = 350, 350 x 0.38 = 133, 133 + 77 = 210, 210 ÷ 14 x 5 = 75, 75 + 45 = 120

263

309 + 206 (309 ÷ 3 x 2) = 515, 515 x 7 = 3605, 3605 − 2163 (3605 ÷ 5 x 3) = 1442, 1442 ÷ 2 = 721, 721 ÷ 7 x 4 = 412, 412 ÷ 0.4 = 1030, 1030 + 824 (1030 ÷ 5 x 4) = 1854

264

15² = 225, 225 x 4 = 900, 33% of 900 = 297, 297 ÷ 9 x 5 = 165, 60% of 165 = 99, 99 x 8 = 792, 792 ÷ 0.2 = 3960

265

162 ÷ 9 x 2 = 36, 36² = 1296, 1296 ÷ 72 = 18, 18 x 5 = 90, 90 ÷ 0.6 = 150, 150 ÷ 0.75 = 200, 30.5% of 200 = 61

266

175% of 212 = 371, 371 x 8 = 2968, 2968 − 1693 = 1275, 1275 ÷ 15 x 13 = 1105, 1105 + 884 (1105 ÷ 5 x 4) = 1989, 1989 ÷ 9 x 2 = 442, 442 x 13 = 5746

267

605 ÷ 11 x 4 = 220, 220 x 3.5 = 770, 770 x 4 = 3080, 3080 ÷ 154 = 20, 20³ = 8000, 8000 − 5678 = 2322, 2322 ÷ 18 x 11 = 1419

268

64 + 72 = 136, 136 ÷ 8 x 5 = 85, 85 x 6 = 510, 510 ÷ 17 x 4 = 120, 120 ÷ 0.75 = 160, 160 ÷ 32 x 9 = 45, 45² = 2025

269

502 x 9 = 4518, 4518 ÷ 6 = 753, 753 ÷ 3 = 251, 251 ÷ 0.25 = 1004, 1004 − 695 = 309, 309 + 206 (309 ÷ 3 x 2) = 515, 515 − 309 (515 ÷ 5 x 3) = 206

270

340 + 40 (340 ÷ 17 x 2) = 380, 380 − 100 (380 ÷ 19 x 5) = 280, 280 x 6 = 1680, 1680 ÷ 16 x 9 = 945, 945 ÷ 9 x 5 = 525, 525 + 300 (525 ÷ 7 x 4) = 825, 825 ÷ 5 x 3 = 495

271

221 x 6 = 1326, 1326 ÷17 x 6 = 468, 468 + 1427 = 1895, 1895 − 379 = 1516, 75% of 1516 = 1137, 1137 x 5 = 5685, 5685 + 2274 (40% of 5685) = 7959

272

558 − 310 (558 ÷ 9 x 5) = 248, 248 x 0.375 = 93, 93 x 7 = 651, 651 + 434 (651 ÷ 3 x 2) = 1085, 1085 ÷ 5 x 2 = 434, 434 ÷ 7 x 3 = 186, 186 x 7 = 1302

	Square numbers (for example 2x2 = 4)	Cube numbers (for example 2x2x2 = 8)	Numbers to the power of 4 (for example 2x2x2x2 = 16)
1	1	1	1
2	4	8	16
3	9	27	81
4	16	64	256
5	25	125	625
6	36	216	1296
7	49	343	2401
8	64	512	4096
9	81	729	6561
10	100	1000	10000
11	121	1331	14641
12	144	1728	20736
13	169	2197	28561
14	196	2744	38416
15	225	3375	50625
16	256	4096	65536
17	289	4913	83521
18	324	5832	104976
19	361	6859	130321
20	400	8000	160000
21	441	9261	194481
22	484	10648	234256
23	529	12167	279841
24	576	13824	331776
25	625	15625	390625
26	676	17576	456976
27	729	19683	531441
28	784	21952	614656
29	841	24389	707281
30	900	27000	810000
31	961	29791	923521
32	1024	32768	1048576
33	1089	35937	1185921
34	1156	39304	1336336
35	1225	42875	1500625
36	1296	46656	1679616
37	1369	50653	1874161
38	1444	54872	2085136
39	1521	59319	2313441
40	1600	64000	2560000

Square root numbers (for example the square root of 4 = 2)

1	1	121	11	441	21	961	31
4	2	144	12	484	22	1024	32
9	3	169	13	529	23	1089	33
16	4	196	14	576	24	1156	34
25	5	225	15	625	25	1225	35
36	6	256	16	676	26	1296	36
49	7	289	17	729	27	1369	37
64	8	324	18	784	28	1444	38
81	9	361	19	841	29	1521	39
100	10	400	20	900	30	1600	40

Cube root numbers (for example the cube root of 8 = 2)

1	1	1331	11	9261	21	29791	31
8	2	1728	12	10648	22	32768	32
27	3	2197	13	12167	23	35937	33
64	4	2744	14	13824	24	39304	34
125	5	3375	15	15625	25	42875	35
216	6	4096	16	17576	26	46656	36
343	7	4913	17	19683	27	50653	37
512	8	5832	18	21952	28	54872	38
729	9	6859	19	24389	29	59319	39
1000	10	8000	20	27000	30	64000	40

Commonly occurring values shown in Per cent, Decimal and Fraction form:

Per cent	Decimal	Fraction	Per cent	Decimal	Fraction
1%	0.01	1/100	75%	0.75	3/4
5%	0.05	1/20	80%	0.8	4/5
10%	0.1	1/10	90%	0.9	9/10
12 1/2%	0.125	1/8	99%	0.99	99/100
20%	0.2	1/5	100%	1	–
25%	0.25	1/4	125%	1.25	5/4
33 1/3%	0.333…	1/3	150%	1.5	3/2
50%	0.5	1/2	200%	2	–

Multiplication Tables

×	2	3	4	5	6	7	8	9	10	11	12	13	14	15	16	17	18	19	20
2	4	6	8	10	12	14	16	18	20	22	24	26	28	30	32	34	36	38	40
3	6	9	12	15	18	21	24	27	30	33	36	39	42	45	48	51	54	57	60
4	8	12	16	20	24	28	32	36	40	44	48	52	56	60	64	68	72	76	80
5	10	15	20	25	30	35	40	45	50	55	60	65	70	75	80	85	90	95	100
6	12	18	24	30	36	42	48	54	60	66	72	78	84	90	96	102	108	114	120
7	14	21	28	35	42	49	56	63	70	77	84	91	98	105	112	119	126	133	140
8	16	24	32	40	48	56	64	72	80	88	96	104	112	120	128	136	144	152	160
9	18	27	36	45	54	63	72	81	90	99	108	117	126	135	144	153	162	171	180
10	20	30	40	50	60	70	80	90	100	110	120	130	140	150	160	170	180	190	200
11	22	33	44	55	66	77	88	99	110	121	132	143	154	165	176	187	198	209	220
12	24	36	48	60	72	84	96	108	120	132	144	156	168	180	192	204	216	228	240
13	26	39	52	65	78	91	104	117	130	143	156	169	182	195	208	221	234	247	260
14	28	42	56	70	84	98	112	126	140	154	168	182	196	210	224	238	252	266	280
15	30	45	60	75	90	105	120	135	150	165	180	195	210	225	240	255	270	285	300
16	32	48	64	80	96	112	128	144	160	176	192	208	224	240	256	272	288	304	320
17	34	51	68	85	102	119	136	153	170	187	204	221	238	255	272	289	306	323	340
18	36	54	72	90	108	126	144	162	180	198	216	234	252	270	288	306	324	342	360
19	38	57	76	95	114	133	152	171	190	209	228	247	266	285	304	323	342	361	380
20	40	60	80	100	120	140	160	180	200	220	240	260	280	300	320	340	360	380	400
21	42	63	84	105	126	147	168	189	210	231	252	273	294	315	336	357	378	399	420
22	44	66	88	110	132	154	176	198	220	242	264	286	308	330	352	374	396	418	440
23	46	69	92	115	138	161	184	207	230	253	276	299	322	345	368	391	414	437	460
24	48	72	96	120	144	168	192	216	240	264	288	312	336	360	384	408	432	456	480
25	50	75	100	125	150	175	200	225	250	275	300	325	350	375	400	425	450	475	500